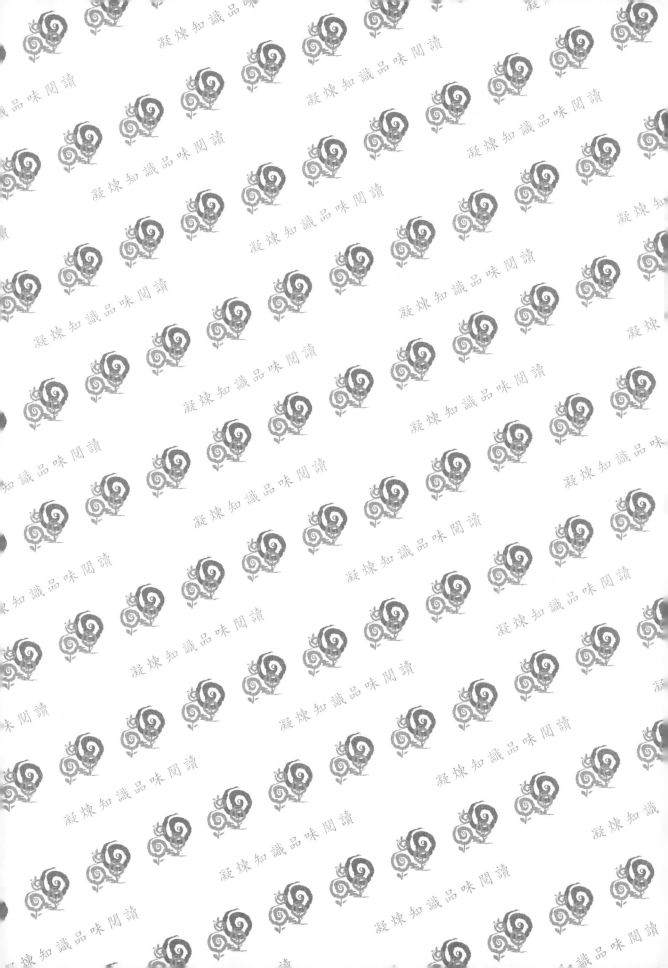

InDesign 2021
超強數位排版達人
必備工作術

數位新知 著

五南圖書出版公司 印行

序言

InDesign 是 Adobe 公司所開發的版面編排軟體，它融合了以往 QuarkXPress、PageMaker、CorelDRAW等專業編排軟體的優點，功能上更完美而成熟，讓美術設計師不管在編排 DM、海報、書冊上都變得簡單容易，對於創意的表現或是精確度的控制，都是其他排版軟體所不能比擬的。

InDesign 在框架的運用上相當的友善，設計師可以隨心所欲的運用框架來做頁面的切割、精確的多重複製，讓頁面的切割能快速跟隨腦海中的藍圖不斷地實驗、演變、進化，而切割後的框架可再依照需要轉換成文字框、圖像框或色塊。透過這樣的構思技巧，海報或 DM 的編排，就能在變化中顯現統一的美感。

長篇文件或書冊的排版更是變得簡單容易，善用主要文字框就能將文字檔一次就定位，配合段落樣式與字元樣式的設定，書籍的層次感便呈現出來，圖片加入文字框中，讓圖片也能跟著字串的編修而移動，就不用害怕出現文不對圖，或是文字一做增刪，就得為圖片大搬風的窘境。

當然書冊章節的整合、封裝與輸出更是 InDesign 的強項，還有很多繪圖軟體所能做的效果，在 InDesign 中也能輕鬆做到，諸如：藝術效果文字、沿路徑排文、文中置圖、圖形特效等，甚至是互動式電子書的製作與出版，不管在內外超連結的設定、書籤製作、互動式按鈕、頁面切換效果、產生 QR 碼、線上發佈文件等，都有詳實的介紹，只要讀了本書，保證各位輕鬆學會它。

不用再尋找和等待了，就是現在，把本書帶回家，本書就是你學習 InDesign 的最佳幫手喔！

目錄

第一章　數位排版的入門黃金課程

　　一般來說印刷品大概分為兩類，一種是廣告文宣之類的商業印刷，一種是圖書雜誌的出版印刷。隨著電腦科技的發展，出版品的產生不再完全靠人工來打字、剪貼、完稿或標記色彩，然後再送到印刷廠製版印刷，而是完全可以透過數位電腦來處理。因此在本書一開始，先要跟各位介紹數位排版領域的相關知識，不管是印刷排版流程、排版相關知識、主版概念、文字排版、圖像處理、書籍裝訂等，都會跟各位作探討。

1-1 印刷排版流程

　　所謂的「桌上出版」是指 Desktop publishing，簡稱 DTP，主要是將文字輸入（keyin）至電腦，圖像置入軟體中，配合主板的設計、文字樣式的設定、版面的編排而完成出版品的製作。

以商業印刷為例，美術設計師將所需的相片或插圖，透過掃描器或數位相機匯入到電腦中，相片插圖就變成數位化格式，此時可以透過 Photoshop、PhotoImpact 等影像繪圖軟體來做相片的編修或版面的編排。美術設計師也可以從無到有，利用 Photoshop、PhotoImpact、Illustrator、CorelDRAW 等繪圖軟體來繪製向量圖案或點陣插圖。只要業主認可設計樣本，再將設計樣本製作成實際印刷所需的尺寸，就算完成稿件的製作。

　　若是書籍雜誌的出版印刷，主要是使用 InDesign、QuarkXpress、PageMaker 等類的頁面排版軟體來做版面編排，將已編輯好的圖像與文字匯入到軟體中加以排列組合，利用主版和文字大小標的樣式設定，讓整本圖書或雜誌除了富含思想內涵外，更具有整體的美感與視覺效果。

　　當商業印刷或出版印刷的稿件製作完成後，傳送到製版印刷廠，只要將檔案匯出成 PostScript 或 PDF 檔，經 RIP（Raster Image Processor）影像點陣化處理，把檔案轉換成 1-bit

格式的網版檔，如此就可以進行打樣，通常業主或設計師確認打樣沒問題，就會進入製版印刷的過程。

深入研究：

> 所謂的「打樣」，是指最後印刷成品的樣本。此階段可針對稿件作最後的確認工作，若全部稿件都校對完畢則稱為「清樣」，確認無誤就可進行製版和印刷。

一般圖書的出版印刷除了內文的印刷外，還會包含封面的印刷，通常封面都會使用彩色印刷，並作表面加工使之顯現不同的質感。之後印刷廠會把印好的紙張送到裝訂廠，透過摺紙機摺疊紙張，再經過配頁處理，當書的頁碼排定之後，就會作裝訂和上膠的處理，最後送上裁紙機裁切書口和上下端，一本書即可完成。

為了方便讀者的閱讀以及書籍的保存，在裝訂時還會考慮到書本的厚度與文字閱讀方向，這些都必須在書籍排版時考慮進去，此部分會在後面的章節再作說明。

就桌面排版來說，可做為排版用途的軟體有：Word、CorelDraw、Photoshop、Illustrator、QuarkXPress、PageMaker、InDesign。上述的軟體大都有提供字元或段落樣式的設定，大小標題的設定讓文章內容變得易讀又有層次感。軟體各有優缺點，對於小冊子的設計編排，Word、CorelDraw、Photoshop、Illustrator 等軟體都可應付，而長篇文章的編輯則較適合使用 QuarkXPress、PageMaker、InDesign 等程式，其中的 Adobe InDesign 雖然出道最晚，但是它取用了 PageMaker 和 QuarkXPress 的各項優點，功能上更加地完美與成熟，讓設計師可以隨心所欲的利用 InDesign 來表達創意，使雜誌、書籍或廣告的編排變得更靈活有變化，再加上其家族軟體 Photoshop 和 Illustrator 原本就是美術設計師所愛用且熟悉的軟體，在檔案的轉換或編修上更為方便，因此快速成為專業排版界的最佳選擇。

1-2 印刷排版的基礎知識

版面編排設計的重點就是把已處理好的文字、表格、相片、插圖，經由設計師的巧妙安排來達到主題凸顯和層次分明，除了具有賞心悅目的視覺感受，還能充分發揮印刷技術的特點，製作出最優秀的印刷品。

從事與印刷有關的美術設計師，對於印刷出版的相關知識當然也要具備一些，諸如：印刷紙張規格、印刷用色、印刷標記、出血設定、書籍結構、裝訂方式等，便是這一小節要跟各位探討的重點。

1-2-1 印刷紙張規格

印刷用的紙張規格有 A、B、C 種系列：

➢ A 系列：又稱菊版，尺寸由 A0、A1、A2、A3……之順序排列，A0 尺寸為 841×1189 mm，A0 對折後變為 A1，A1 尺寸變為 841×594 mm，以此類推。

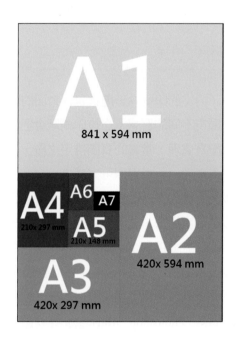

➢ B 系列：又稱四六版，尺寸由 B0、B1、B2、B3……之順序排列，B0 尺寸為 1000×1414mm，紙張切割方式同上。

➢ C 系列：主要使用於信封用途。

如果想要採用特殊的尺寸，也必須要考慮到紙張的比例，盡量避免裁切後的過度浪費，造成紙張成本的增加。各位可以在設計印刷品之前，預先跟印刷廠詢問正確的紙張尺寸，對於常用的紙張尺寸，很多繪圖或排版軟體也很人性化的在開新檔案時提供各種紙張尺寸的選擇，各位可以善加利用。

1-2-2 印刷用色

在印刷色彩的選擇方面，大致上分為彩色印刷、特別色印刷、單色印刷三種：

➢ 彩色印刷

彩色印刷又稱「四色印刷」，它是由 C（青）、M（洋紅）、Y（黃）、K（黑）四種油墨，每一種油墨的數值由 0% 到 100%，油墨會因為 CMYK 數值比例的不同而顯現不同的色彩。而印刷色彩的先後順序會因稿件的不同而有所差異，通常四色機印刷是採用黑、

青、洋紅、黃的順序來印製，也有以相反的順序來印製；而單色機的色序則爲黃、洋紅、青、黑。

> 特別色印刷

特別色不同於 CMYK 油墨的調配方式，而是使用特殊成分調合而成的油墨，通常都是採用 PANTONE.DIC 之類的色票系統，這是因爲這些特殊色無法利用四色印製出來，所以需要由人工特別調製，像是金色、銀色也都是屬於特別色。

> 單色印刷

「單色印刷」是指運用單一顏色的油墨所印刷而成的印刷品，單色印刷可選用 CMYK 其中的一色來印製，也可以選用特別色來印製。

1-2-3 印刷標記

所謂「印刷標記」是指裁切線、出血位置、拼板標示色、彩色色標、灰階色標、頁面資訊等相關標記，這些都是在印刷頁面以外的列印項目，讓印刷廠的工作人員作爲對版或校正色彩之用，以便能夠完美的呈現印刷品質。

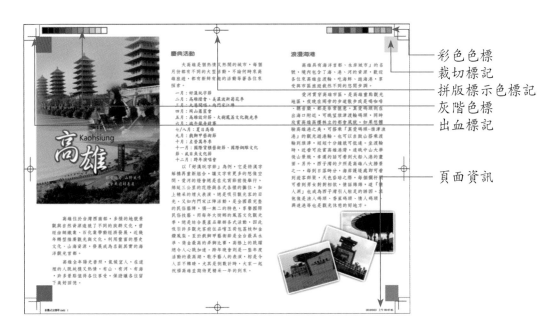

「彩色色標」與「灰階色標」在印刷時，可作爲調整油墨準確度的輔助；「拼版標示色標記」是在四色印刷時作爲分色對齊之用；而「裁切標記」則是實際裁刀裁切印刷品的位置，也就是各位最後所看到的印刷成品。

深入研究：

以 InDesign 編排完成的頁面，當執行「檔案 / Adobe PDF 預設集 / 印刷品質」的指令，就會自動將存檔類型設定爲「Adobe PDF（列印）」，之後在「標記和出血」的類別中，勾選想要顯示的印表機標記，就可以看到如上圖的各種印刷標記。

1-2-4 出血

當印刷物的背景非白色時，通常都是在設計時以顏色填滿整個背景。「出血」是在文件尺寸的上、下、左、右四方各加大 3 mm 的填滿區域，如此一來當印刷完成後以裁刀裁切時，即使對位不夠精準，也不會在文件邊緣出現未印刷到的白色紙張，如此畫面才會完整無缺。所以，只要是設計滿版的出版品，就必須加入出血區域。

在影像之外加入 3 mm 的出血設定，即使裁刀未正確的裁切在線上，也不會露出紙張的白色

這是裁刀裁切的位置

1-2-5 書籍結構

要從事書籍的編排，對於書籍的結構當然也要了解。以書籍的外部來說，各位可能常聽到以下幾個名詞：

➢ 書頭：書的頂端。

➢ 書腳：書的底部。

➢ 封面：顯示書名、作者、出版社、圖書特色等相關資訊。

➢ 書背 / 書脊：爲書的背部，靠近書籍的裝訂處，通常顯示書名、作者、出版社等資訊。當書籍排列在書架上，可以透過書背來快速找到書籍。

➢ 書口：書籍打開的地方，通常會以裁紙機裁切平整。

➢ 封底：顯示書籍重點、出版社聯絡資訊、條碼、價格等相關資訊。

就書籍的內部來說，包含以下幾個部分：

➢ 襯頁：黏貼在書板內面的空白頁，可使封面更為堅固的紙張。

➢ 扉頁／蝴蝶頁：強化書皮與內頁的固定，通常使用較厚且不易破的紙張。

➢ 書名頁：書籍的第一個印刷頁，通常顯示書名、作者、出版社等資訊。

➢ 序言：作者陳述該書的緣起、主旨、編排重點、閱讀導引或感謝詞。

➢ 目錄：記載該書章節名稱或開始的頁碼，可快速了解該書架構，方便查詢主題。

➢ 內文：該書的主體內容。

➢ 版權頁：記載該書的版權資料、出版商、書號、價格、出版日期、版次等相關資訊。

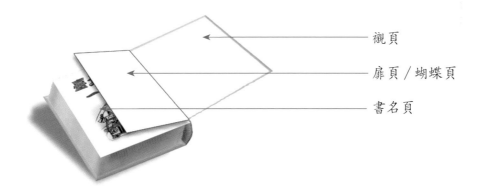

1-2-6 書籍裝訂

當印刷廠把紙張以對排付印後，還必須送到裝訂廠摺紙和裝訂。裝訂廠會透過機器先將紙張摺疊成一臺，接著把內文依頁碼順序排列好並堆疊在一起，然後送上機器進行裝訂。

裝訂的方式一般有騎馬釘、膠裝、穿線膠裝、活頁裝訂、精裝等方式，在此簡要說明：

➢騎馬釘

最常見的書刊、雜誌裝訂方式,以騎馬跨式疊合成冊,封面包於外,由書背連同封面一起用鐵絲釘或線縫方式穿釘而成。此種裝訂方式的書本可以完全攤開,不過頁數太多的書刊就無法裝訂。

➢膠裝

以高溫將硬膠溶化成液體狀,利用滾輪把膠塗壓在書背上,外面再包覆封面。適用於頁數較多的書籍或型錄上。

➢穿線膠裝

先以穿線機穿縫成冊,再將硬膠溶化後塗壓在書背上。

➢活頁裝訂

將書頁切成單頁後,於書背邊打孔,再以塑膠捲圈或鐵線捲圈圈裝成冊。

➢精裝

精裝製作較為複雜且費用較貴,封面會使用厚紙板作為保護,通常使用於高級圖書或需要長時間保存之書刊上。

裝訂好的書會再送到另一個大桌上,配上已印好的封面,然後在書背處上膠,或用膠裝機膠裝,放置一天陰乾,最後再送上裁紙機裁切書口、書頭與書腳,書籍的製作才算完成。

1-3 主版與跨頁

在書籍出版或商品型錄的編排上,經常都會用到主版。這是因為商品型錄的重點在於展示眾多的產品,書籍則擁有較多的章節,所以善用主版來做頁面的雛型,諸如:書名、章名、頁碼、公司標誌、產品類別等的擺放位置,預先設定這些字元的樣式與色彩,如此就可以簡化編輯的過程。

　　當在排版軟體中建立主版後，利用拖曳的方式，就可以將相同的物件套用到選定的頁面上，萬一主版內容有誤，修改主版後，其餘的頁面也會跟著更新，編修相當的便利。

　　在出版品的版面設計方面，通常都是採跨頁的形式，也就是以相對的兩頁為一單位，來做整體性的版面規劃。就像主版的編排也是強調整體的布局，沒有左右界線，互相呼應。然而在 InDesign 的程式規劃中，第 1 頁一般是封面，2、3 頁才是相對的兩頁。如圖示：

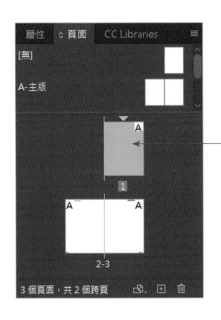

InDesign 預設的版面，第 1 頁通常是
獨立存在，2、3 頁才會相對應

　　如果需要設計跨頁或折頁式的文宣品，InDesign 也可以透過「頁面」面板的「允許移動選取的跨頁」或「允許移動文件頁面」的功能，來做到如下圖的頁面配置。

跨頁 ——————→　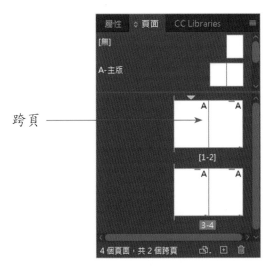　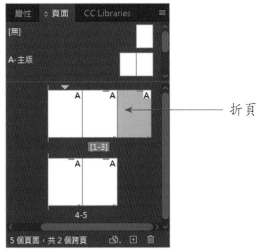　←—————— 折頁

1-4 文字排版的基礎知識

　　點、線、面是構成視覺效果的基本要素。在版面編排上，一個頁碼、一個文字可視為一個點；一行文字、一行空白則可視為一條線；而一個段落文字、表格、圖片則可視為一個面。透過這些點、線、面的組合搭配，就可以產生千變萬化的版面編排效果。所以在編排版面時，只要不影響文稿順序的情況下，一定要注意到點、線、面之間的整體和諧與安排，如此才能吸引讀者的目光，完成訊息傳達的目的，同時顯現美好的視覺感受。

1-4-1 字體類型

　　不管是中文、英文、或阿拉伯數字，字體也跟人類一樣有粗、有細，有胖、有瘦、有方正、有清秀、有豪邁……，不同字體會展現不同的個性與風采。通常電腦在安裝時就會有一些基本的字型，如果想要為自己的電腦系統增添更多的字體種類，可以購買如華康、文鼎等字型安裝到電腦中就可以了。一般會將粗體字放置於書刊標題、廣告標語或展示上，細體字則適合長篇的正文。

　　Adobe Creative Cloud 也有提供 Adobe Fonts 讓使用者瀏覽與管理，用戶不僅可以瀏覽數以千計的商用字體，使應用於設計的商業用途的專案中，而且所有字體都可無限使用。各位在桌面上雙按「Adobe Creative Cloud」圖示鈕即可啟用、瀏覽和管理字型。

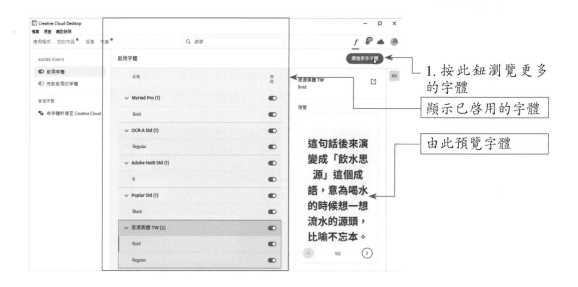

1. 按此鈕瀏覽更多的字體

顯示已啟用的字體

由此預覽字體

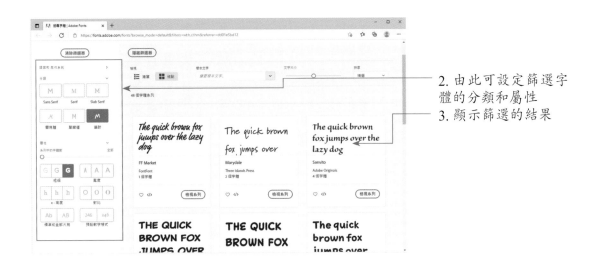

2. 由此可設定篩選字
體的分類和屬性
3. 顯示篩選的結果

1-4-2 文字大小

電腦上使用的文字大小基本上是使用「點」（pt）為單位，日式則以「級」為單位，一般雜誌或圖書的出版，多半習慣採用級數為單位。如果想要更換文字大小的計算單位，可由「編輯／偏好設定／單位與增量」指令進入下圖中做設定。

1 切換到「單位
與增量」的類別

2. 由「文字大小」
下拉選擇「點」
或「級」為單位

1-4-3 文字變形

在預設的狀況下，中文字體都是顯示方正的效果，不過透過垂直縮放或水平縮放的設定，也可以將文字做拉長或壓扁的處理。

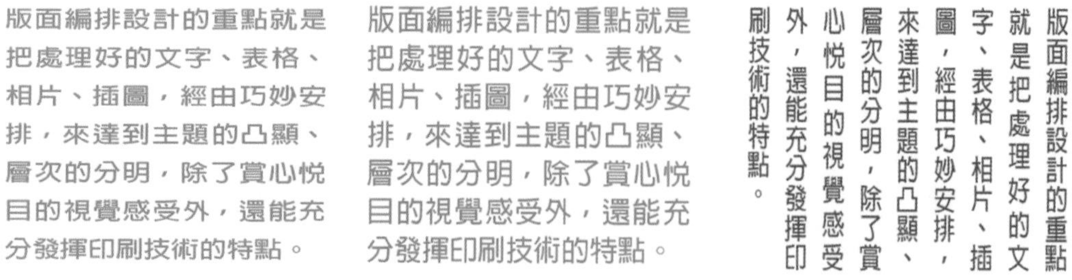

版面編排設計的重點就是把處理好的文字、表格、相片、插圖，經由巧妙安排，來達到主題的凸顯、層次的分明，除了賞心悅目的視覺感受外，還能充分發揮印刷技術的特點。

版面編排設計的重點就是把處理好的文字、表格、相片、插圖，經由巧妙安排，來達到主題的凸顯、層次的分明，除了賞心悅目的視覺感受外，還能充分發揮印刷技術的特點。

版面編排設計的重點就是把處理好的文字、表格、相片、插圖，經由巧妙安排，來達到主題的凸顯、層次的分明，除了賞心悅目的視覺感受外，還能充分發揮印刷技術的特點。

壓扁　　　　　　　　正體字　　　　　　　　拉長

各位可以看到上圖中間爲方正的字體，當各位將文字做垂直縮小 80% 時，文字會被壓扁而顯現左上圖的效果，被壓扁的文字反而有助於橫式的閱讀。反觀直式閱讀，若水平縮放成 80%，文字被拉長就會顯現如右上圖的效果。善用文字的變形也可以產生不錯的視覺效果。

1-4-4 字距與行距

要讓內文讀起來順暢，字距與行距設定也是關鍵點之一。所謂「字距」指的是文字與文字間的距離，太過擁擠的字距讀起來傷眼力，太過鬆散的字距讀起來也不會順暢。而「行距」則是前一行文字與後一行文字的距離，一般行距要比字距來的大些，否則易讓讀者搞不清楚。

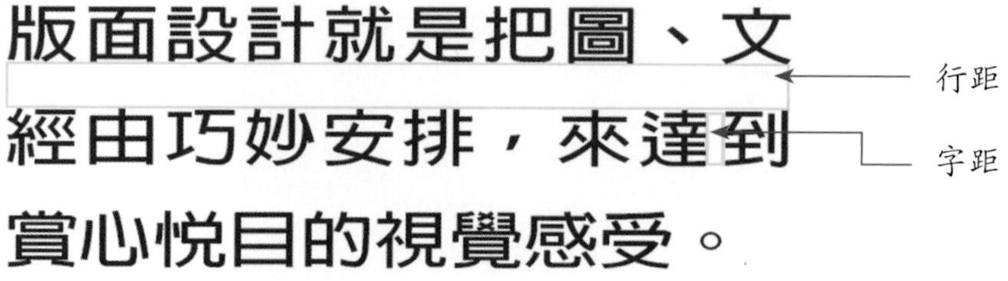

版面設計就是把圖、文
經由巧妙安排，來達到
賞心悅目的視覺感受。

行距

字距

1-4-5 複合字體

在做文字編排時，難免中文字裡會摻雜著英文、數字、或符號，如果中 / 英文字或符號顯示相同的粗細，看起來就會很協調，若是有粗有細，就會顯得比較突兀些。（如下圖中的紅色字）

InDesign 軟體是頁面排版最佳的選擇
InDesign 軟體是頁面排版最佳的選擇

InDesign 軟體是頁面排版最佳的選擇
InDesign 軟體是頁面排版最佳的選擇

　　遇到這種情況下，設計師就應該為文字做些調整，讓文字可以顯現如上圖中的藍字一樣。以 InDesign 軟體為例，不妨使用「文字／複合字體」指令來為文字做最佳的組合。

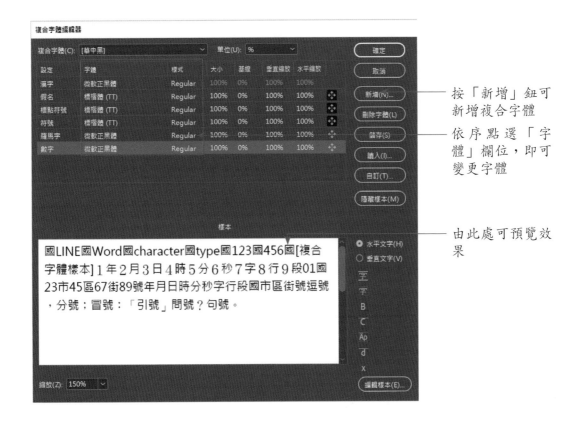

按「新增」鈕可新增複合字體

依序點選「字體」欄位，即可變更字體

由此處可預覽效果

1-5 圖像置入的基礎知識

　　在頁面編排設計方面，相片與插圖佔有舉足輕重的地位，圖像因產生的方式、編輯的軟體、用途、處理方式等的不同，就有許多的相關知識需要了解，才能將圖像做最好的整合運用。這裡先針對點陣圖、向量圖、適用的圖檔格式、圖檔連結、嵌入圖檔、去背圖形等方面跟各位做探討。

1-5-1 點陣圖

點陣圖是由眾多的像素（Pixel）所組成，依據色彩訊息分為 8、16、24 等位元，位元數越高表示顏色越豐富。「點陣圖」影像就是具有連續色調的影像，一般數位相機所拍攝下來的影像，或是掃描器掃描進來的圖像，都是屬於點陣圖像。檔案格式若為 BMP、TIFF、GIF、JPG、PNG 等可斷定它為「點陣圖」。因為需要記錄的資料量較多，因此影像的解析度越高，尺寸越大，相對地檔案量也越大。製作印刷用途的美術作品，最好先取得高畫質、高解析度的影像，才能確保印刷的品質。

點陣圖放大後會看到一格一格的像素

1-5-2 向量圖

向量圖是透過數學方程式的運算來構成圖形的點線面，由於圖形或線條的呈現都是利用數學公式描繪出來的，所以不會有失真的情況出現。各位放大圖形或線條時，畫面仍然維持平滑而精緻的效果，不會有鋸齒的情況發生，就能斷定它是向量圖形。

向量圖放大後，線條仍然平滑精緻

對於漫畫、卡通、標誌設計等以簡單線條表現的圖案，適合利用向量式的繪圖軟體來製作，這類的程式包括了 Illustrator、CorelDRAW、FreeHand 等，檔案格式若為 EPS、AI、CDR、EMF、WMF 等，大多屬於向量圖形。

1-5-3 適用的圖檔格式

目前印刷或多媒體方面常用的檔案格式有下列幾種：

➤ TIFF 格式

TIFF 是一種點陣圖格式，幾乎所有的影像繪圖軟體或排版軟體都支援它。通常書刊之類的印刷品，都會將影像轉換成 CMYK 模式，再選用 TIFF 格式作儲存。由於它可以儲存 Alpha 色版，也可以儲存剪裁的路徑，讓影像圖形做去背的處理，使版面編排更有彈性和美感，而且可以作為不同平台之間的傳輸交換，所以印刷排版時都會選用 TIFF 格式。

➤ PSD 格式

PSD 是 Photoshop 程式專有的檔案格式，能將 Photoshop 軟體中所有的相關資訊保存下來，包含圖層、特別色、Alpha 色版、校樣設定、或 ICC 描述檔等資訊。目前 Adobe 家族的相關軟體都支援此格式，像是去背景的圖形，只要直接儲存成 PSD 的格式，就可置入到 Adobe 相關的應用程式之中，讓編輯的過程變得更簡化而便利。

➤ AI 格式

AI 是 Adobe Illustrator 特有的檔案格式，因為與 InDesign 同為 Adobe 家族，所以也可以輕鬆被匯入到 InDesign 排版文件中。它的好處在於 Illustrator 所設定的透明效果、外觀屬性、漸變等效果，都可以直接顯示在排版文件中。

➤ PNG 格式

PNG 格式是最晚發展出來的網路傳輸圖形格式，它能將影像壓縮到極限，以利網路上的傳輸，又是屬於非破壞性的壓縮格式，能保留原有影像的品質，而且可支援透明區域，目前已成為美術設計師或網頁設計師的新寵兒。

➤ JPEG 格式

JPEG 是 Joint Photographic Experts Group 的縮寫，是一種有損失的壓縮演算法，可讓影像檔輕鬆壓縮到原檔案的五分之一，甚至更高的壓縮比例，因此適合在網路上作傳輸。通常選用 JPEG 格式時，選項視窗中可讓使用者自行設定壓縮的比例與品質。

1-5-4 連結圖檔

頁面排版軟體在置入高解析度的圖像時，並不會像繪圖軟體一樣是將圖形嵌入繪圖程式中，而是以外部檔案的方式與 InDesign 作連結，再以低解析度預視影像呈現在 InDesign 中，如此可以節省較多的系統資源。當要進行列印輸出或轉存時，才會依照連結的位置去找尋高解析度的影像檔，因此圖檔必須與 InDesign 的檔案放在一起，萬一圖檔移動了位

置,使連結產生中斷,那麼就會影響輸出的品質,所以輸出前記得透過「連結」面板來檢查一下連結的情況。

若出現此符號,就表示連結的檔案找不到

1-5-5 嵌入圖檔

如果版面中的圖量不多,圖檔的檔案量也不大,那麼可以考慮直接將圖檔嵌入 InDesign 中,只要由「連結」面板下拉選擇「嵌入連結」指令,原先連結的檔案就會變成嵌入的型態。

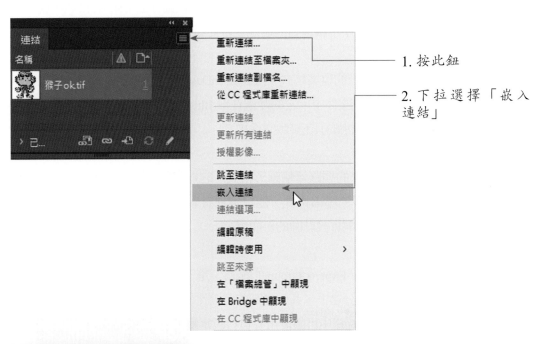

1. 按此鈕

2. 下拉選擇「嵌入連結」

3. 圖像嵌入後會顯示此圖示

1-5-6 去背圖形

在印刷排版上為了畫面的美觀，經常會使用到去除背景的圖形。通常美編人員會使用 Photoshop 的「路徑」面板來處理，等去除背景後，再置入到頁面編輯程式中作圖文編排。為了讓更多的排版人員也能夠自行製作去背景的圖形，這裡以「猴子 .jpg」的插圖作說明，告訴各位如何利用 Photoshop 的「路徑」功能來作剪裁。

步驟 1：開啟圖檔後，以「魔術棒」工具先將所有的白色背景圈選起來。

步驟 2：執行「選取／修改／擴張」指令，依照畫面大小選擇適合的擴張值，按下「確定」鈕離開。（如此可讓選取區擴張到黑線以內，避免圖形產生多餘的白邊）

步驟 3：執行「選取／反轉」指令，使改選猴子造型。

步驟 4：開啟「路徑面板」，將選取範圍建立成工作路徑，再下拉執行「儲存路徑」指令，直接按「確定」鈕離開。

步驟 5：由「路徑面板」下拉選擇「剪裁路徑」指令，將「平面化」的數值設定為「0.2」。

步驟 6：執行「影像／模式／CMYK 色彩」指令，按下「確定」鈕離開。

步驟 7：執行「檔案／另存新檔」指令，點選「TIFF」格式，輸入檔名後，按下「存檔」鈕，將影像壓縮設為「無」，再按下「確定」鈕離開。

完成如上動作後，圖檔置入到排版軟體中，就可以與任何的背景或物件作搭配。

除了利用以上的方式來作圖形的去背處理外，Abobe 也允許使用者直接將 PSD 格式的檔案直接置入到排版軟體中使用。只要猴子造型選取後，執行「圖層／新增／拷貝的圖層」指令，使選取區變成獨立的圖層，在關閉背景圖層後，直接另存成 PSD 的檔案格式就可以搞定。如下圖示：

1. 選取猴子造型後，執行「圖層／新增／拷貝的圖層」指令，使新增此去背景的圖層

2. 按此處關閉背景圖層，再儲存為 PSD 格式

行文至此，相信大家對於數位排版與印刷設計有了概略的認識。接下來的章節將帶領各位進入 InDesign 的殿堂，快速熟悉 InDesign 的操作環境。

第二章　InDesign操作懶人包

InDesign 在 2021 的版本中，在效能和核心功能方面都做了很大的提升，對於使用者經常遇到的問題也都加以修復，性能也做最佳化的處理，軟體程式更穩定，讓設計者可以更專注於創作，這對使用者來說是一大福音。對新手而言，要學習軟體的使用，首先要對工作環境有所認知，如此一來，當書中提到某個工具或功能指令時，才能快速找到並跟上筆者的腳步。

2-1 InDesign 操作介面

請先啓動 Adobe InDesign 2021 程式，啓動後的畫面並不會有任何可供編輯的文件，這是因爲 InDesign 並不知道各位所要編輯的文件尺寸。當執行「檔案／新增／文件」指令建立新檔，或是利用「檔案／開啓舊檔」指令開啓現有排版檔後，才會顯示視窗介面。

如下圖所示是顯示「進階」工作區的視窗介面，你可以依照個人工作需求，由視窗頂端切換到「基本功能」、「進階」、「互動式 PDF」、「數位出版」、「書冊」、「列印及校樣」等不同的工作區。

2-1-1 工具面板

工具面板位於視窗左側，可讓使用者作選取、繪製、裁切、移動、更改色彩、切換模式等處理，是編輯頁面時不可或缺的重要助手。如果將滑鼠移到工具鈕上，它會以標籤顯示該工具鈕的名稱與快速鍵用法。工具鈕右下方若出現三角形標記，按下該標記還會列出其他相關的工具鈕。假如找不到工具面板，可執行「視窗／工具」指令使其顯現。

有三角形標記，表示有其他
的工具鈕在裡面

工具下方提供填色與線條色彩的設定，上方爲填色的色塊，下方爲線條的線框，可透
過滑鼠的點選來做切換。

色塊在上方可設定
填滿的色彩
按此鈕可顯示預設
的填色與線條

按此鈕將調換填色與
線條
線框在上方可設定線
框的色彩

按滑鼠兩下於色塊或線框將會進入「檢色器」視窗，由視窗可挑選想要使用的色彩，
或是直接輸入 CMYK 色彩的比值。按下「確定」鈕會將新的顏色顯示在工具面板上，若
是按下「新增 CMYK 色票」鈕，則會將顏色新增到「色票」的面板中。

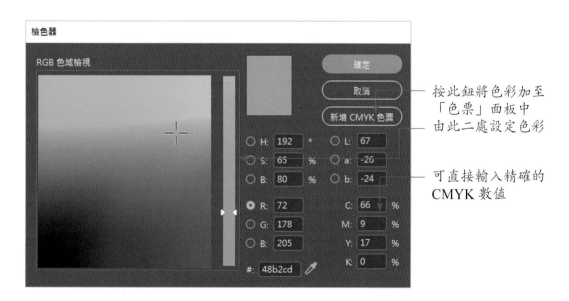

按此鈕將色彩加至
「色票」面板中
由此二處設定色彩

可直接輸入精確的
CMYK 數值

2-1-2 控制面板

　　控制面板位在視窗上方，功能表之下，它會依據選擇工具的不同而顯示不同的控制內容。若視窗中未顯示選項，請執行「視窗 / 控制」指令將其開啓。

2-1-3 面板群組使用技巧

　　除了經常使用的「工具」面板與「控制」面板外，InDesign 還有五十多種的面板可以選用，它以堆疊群組的方式，分門別類排列在浮動視窗槽中，使用者可改變面板的位置，或將面板放大 / 縮小，或是置於視窗邊緣使成爲圖示鈕，以增加文件的顯示空間。若按住標籤並向外拖曳，可使該標籤的內容成爲一個獨立的浮動面板。

　　➢ 顯示與隱藏面板

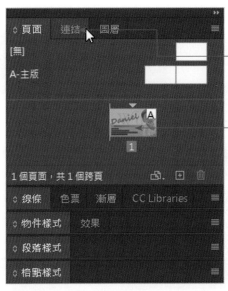

1. 按此處兩下可展開面板

2. 點選名稱，可切換到該面板

面板開啓狀態

　　　➢ 分離面板

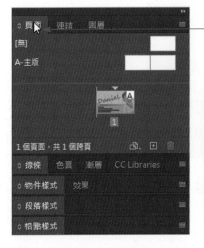

1. 點選面板名稱，並往外拖曳

2. 變成獨立的浮動面板

當面板群組被弄亂了，想恢復到預設的編排狀態，可透過以下的方式做調整。

1. 點選此處
2. 下拉選擇重設指令

2-1-4 文件編輯視窗

　　文件編輯視窗是顯示頁面編排的地方，InDesign 允許同時開啓多個文件檔，所開啓的文件會以視窗顯示，作用中的檔案標籤會以較淡的灰色表示，而非作用中檔案標籤則以較暗的灰色呈現。標籤上會顯示該檔案的名稱、檔案格式及顯示比例，如圖示：

目前編輯中的文件以淡灰色標籤顯示

已開啓在工作區的檔案也會以標籤顯示，點選標籤可快速做切換

2-2 設計輔助工具

　　在編排頁面時，設計師經常會運用一些工具來輔助設計，諸如：利用尺規來做丈量、

利用線條來分割版面區塊、或是利用方格紙來定位等。當然，使用電腦來從事版面編排時，InDesign 也有提供這些輔助工具，除此之外，瀏覽文件的技巧也不能不知，現在就來了解這些輔助工具的使用方法。

2-2-1 尺標

在預設狀態，InDesign 會自動在文件視窗的上方與左側顯示尺標，尺標主要做丈量之用，尺標的原點(0,0)在左上角處，若往文件視窗做拖曳，就可以產生新的原點。如圖示：

1. 按住此處不放

2. 滑鼠拖曳到此放開，就可看到原點 (0,0) 位置改變了

尺標若不小心被隱藏起來，執行「檢視／顯示尺標」指令即可再度開啓。若要變更尺規的單位，也可以快速按右鍵於尺標上做切換，如圖示：

1. 按右鍵於尺標

2. 出現快顯功能表時，下拉切換想要丈量的單位

2-2-2 參考線

出現尺標後，由水平尺規往下拖曳，或是由垂直尺規往右拖曳，即可拉出參考線條。想要顯示／隱藏參考線、鎖定、或做靠齊等設定，都可以透過「檢視／格線與參考線」指令去設定。

水平參考線
垂直參考線

2-2-3 圖像顯示控制

在編輯版面時，經常要看整體的畫面效果，有時又得放大文件，以便做細部的微調，因此工具面板上的「縮放顯示工具」 🔍 與「手形工具」 🖐 就成為各位經常使用的檢視工具。由於經常使用，不妨記住它的快速鍵用法：🔍 為「Z」鍵，🖐 為「H」鍵。

切換到 🔍 工具時，利用滑鼠拖曳出要放大的區域範圍或是直接以滑鼠按點文件視窗即可放大顯示，若加按「Alt」鍵則放大鏡的圖示會變成「-」的符號，此時按一下滑鼠左鍵可縮小檢視的比例。

2.拖曳出矩形區域，即可放大該區域範圍
1.點選「縮放顯示工具」

2-3 螢幕模式

InDesign的螢幕模式共有五種：正常、預視、出血、印刷邊界、簡報。可透過「工具」面板下方來做切換。

此鈕為「正常」模式

由此做螢幕模式的切換

➢ 正常模式

平常排版時所使用的模式，可顯示所有的物件與參考線

➤ 預視模式

所有的參考線將被隱藏，超出頁面的部分也會隱藏起來

➤ 出血

所有的參考線會被隱藏，出血線以內的部分會顯示出來

➢ 印刷邊界

所有的參考線會被隱藏，超出印刷範圍的部分會被裁切隱藏

➢ 簡報

以螢幕最大的顯示範圍顯示全圖，按「Esc」鍵可跳離簡報模式

2-4 視窗顯示效能

當圖文置入 InDesign 軟體後，也可以設定圖文的顯示效能，執行「檢視 / 顯示效能」指令，其副選項提供三種不同的效能。通常影像越清晰，其執行的速度會比較慢些。

➤ 快速顯示

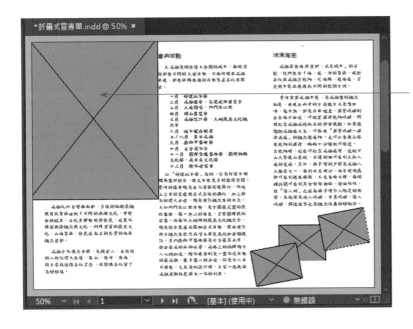

將點陣圖或向量圖
以灰色的方框呈現

➤ 一般顯示

最常使用的檢視模
式，以低解析度的
圖像效果呈現

➢ 高品質顯示

提供最高的圖像顯
示效果，但顯示速
度會比較慢些

2-5 管理工作環境

為了有效率進行排版作業，在排版工作進行之前，可以預先調整個人習慣工作環境並加以儲存，以利下次的再使用。想要自訂個人的工作環境，請利用前面介紹的技巧，安排好各面板的位置，再依照下面的步驟進行設定。

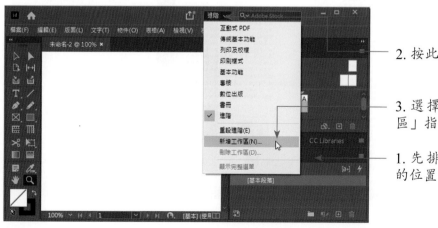

2.按此鈕下拉

3.選擇「新增工作區」指令

1.先排定常用面板的位置

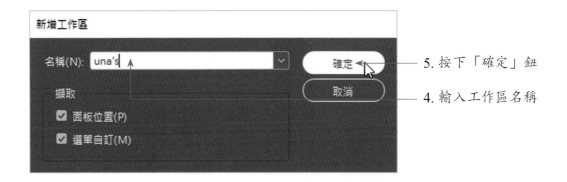

5. 按下「確定」鈕

4. 輸入工作區名稱

6. 自訂的工作環境
已顯示在此

下回視窗弄亂時，
下拉執行「重設」
指令就可回復

2-6 共用以供審核

設計師為廠商或客戶設計的作品，通常都需要給對方的主管人員過目，而 InDesign 的「共用」功能可將設計分享到網路上，並直接在應用程式中管理回饋。

共用 InDesign 文件及管理意見的方式主要有三種：

➢ 在線上共用文件：設計者透過連結與專案關係人共用文件，供其審核。

➢ 在線上審核文件：專案關係人透過電子郵件或 Creative Cloud 應用程式接收審核通知，再利用瀏覽器存取共用文件，然後加以附註說明。

➢ 管理意見：設計者和專案關係人在 InDesign 中即時檢視及存取注釋。設計者解決即再次共用文件，以供驗證或審核。

要使用「共用」功能,請由頂端按下「共用」  鈕,各位可以選擇「快速轉存 PDF」或「轉存」指令,皆會將檔案儲存為 PDF 列印格式,而下方我們示範「共用以供審核」的建立方式。

1. 按下「共用」鈕
2. 選擇「共用以供審核」指令

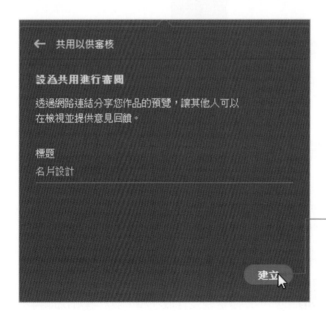

3. 確認標題名稱後,按下「建立」鈕

—— 4.按此鈕新增人員

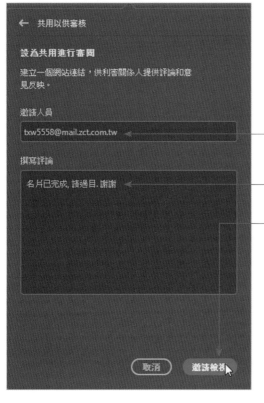

—— 5.輸入邀請對象的電子
郵件信箱

—— 6.輸入設計師的評論

—— 7.按下「邀請檢視」鈕

　　設定完成後，對方就會收到你寄出的信件，只要對方輸入 Adobe 的驗證碼，就可看到設計稿並給予評語和意見。如果對方有回信給你，設計者就能收到對方自動回覆評論。

　　設計師如果要查看或管理網路上的評論，請由「共用以供審核」的視窗中按下 ，即可選擇「管理網路上的評論」。

2. 選擇「管理網路上的評論」

1. 按此鈕

3. 顯示審核者及評論的內容

第三章　第一次數位排版初體驗

　　InDesign 排版軟體不管在海報、宣傳單、雜誌或書籍的排版上，都是最佳的選擇工具，特別是框架的概念，只要設定好框架的形狀樣式，就可以輕鬆改變物件的屬性與外觀。為了讓各位可以快速體驗 InDesign 的排版過程與好用之處，這個章節就以如下的 A4 宣傳單做說明，讓各位了解框架、圖、文的使用技巧。

3-1 新增文件

　　首先利用「檔案 / 新增 / 文件」指令，或是在歡迎視窗按下「新建」鈕，使新增一個橫式，A4 大小的列印文件，並加入 3 公釐的出血設定。

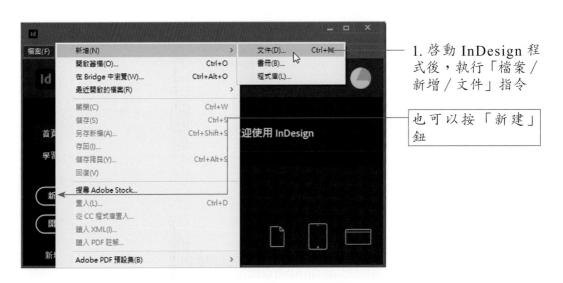

1. 啟動 InDesign 程式後，執行「檔案 / 新增 / 文件」指令

也可以按「新建」鈕

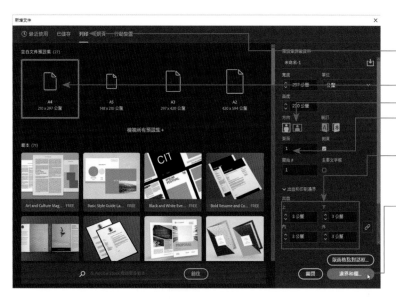

2. 選擇「列印」標籤

3. 選擇「A4」尺寸

4. 按此鈕使變成橫式

5. 頁數為「1」

6. 出血值設定為 3 公釐

7. 按下「邊界和欄」鈕

9. 按下「確定」鈕

8. 天地左右的邊界設為 20 公釐

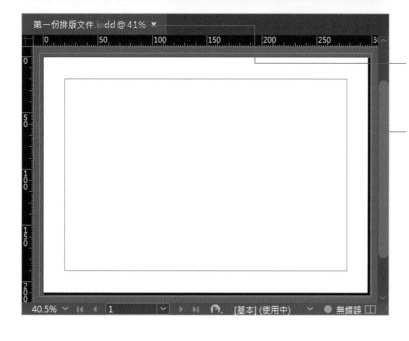

11. 執行「檔案／另存新檔」指令，將文件命名為「第一份排版文件.indd」

10. 顯示出血的列印文件

3-2 配置圖像框

這是一份寬 297 公釐，高 210 公釐的 A4 文件，現在要運用「矩形工具」來為文件加入底色，同時運用「控制」面板來等分矩形框，讓各位快速且精確地完成頁面的切割。

3-2-1 設定紙張顏色

首先利用「矩形工具」繪製一個包含出血範圍的矩形框，並將紙張的顏色設定為 C：20，M：0，Y：30，K：0。

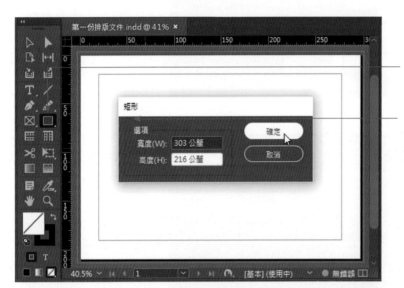

1. 點選「矩形工具」

2. 在頁面上按一下使出現此對話框，設定寬為 303，高為 216，按「確定」鈕離開

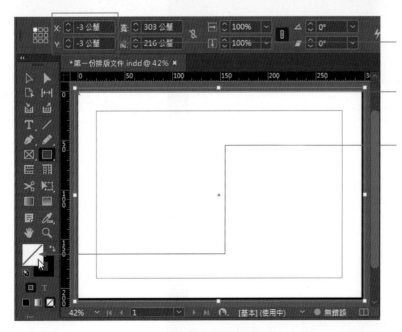

3. 由「控制」面板設定 X 值為「-3」，Y 值為「-3」

4. 瞧！矩形框對準左上角的出血位置

5. 按滑鼠兩下於填色的色塊上，使顯現檢色器

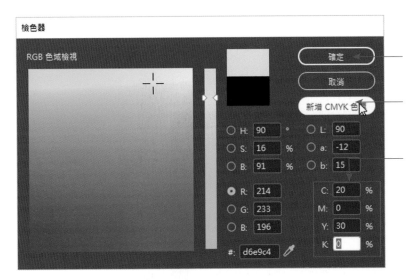

8. 按「確定」鈕離開

7. 按此鈕使顏色加入到色票中

6. 由此輸入 CMYK 的數值

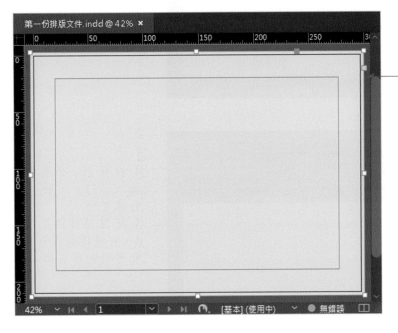

9. 矩形框內已填滿淺綠色，而且精確地對準整個排版的頁面

3-2-2 矩形框的等分

　　紙張的顏色設定完成後，接下來要利用「矩形工具」與「控制」面板來等分矩形，讓寬度等分成 3 塊，高度等分成 5 塊。

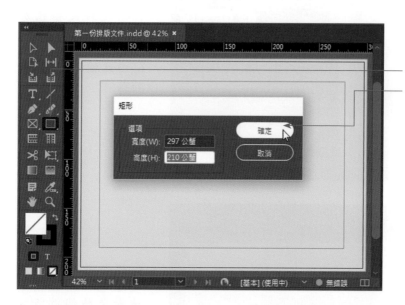

1. 點選「矩形工具」
2. 在頁面上按一下，使出現此對話框，設定爲 A4 紙張的尺寸，按「確定」鈕離開

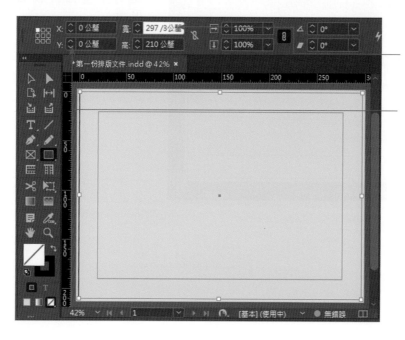

4. 在寬 297 公厘之後加入「/3」，使之等分爲 3 分
3. 將 X 座標位置設在 0，Y 座標設在 0，使矩形框對齊頁面

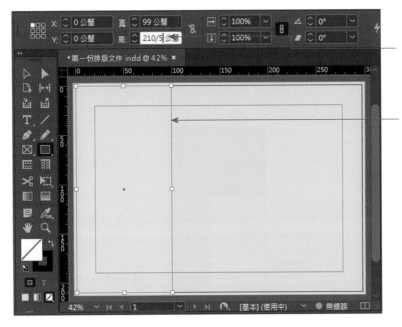

6. 同上方式，將高
   210 公釐之後加入
   「/5」，使等分成 5
   分

5. 瞧！寬度縮小成
   三分之一

7. 矩形等分後，執
   行「視窗 / 顏色 / 色
   票」指令使開啟「色
   票」面板

8. 將矩形框設為「紙
   張」的白色，以利
   辨識

3-2-3 矩形框的多重複製

透過以上等分的方式，矩形框的大小變為 99 公釐 ×42 公釐，接下來將利用「編輯 /
多重複製」指令來此複製矩形，同時將矩形框之間的間隔距離設定為「2」。

➤ 橫向複製矩形框

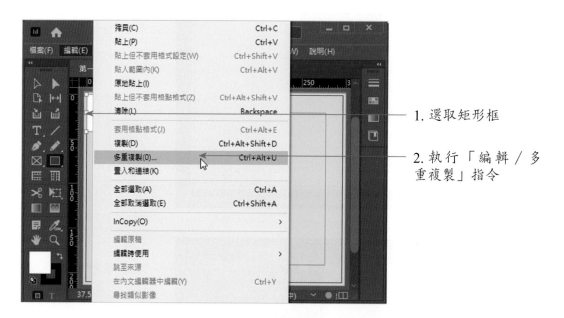

1. 選取矩形框

2. 執行「編輯 / 多
   重複製」指令

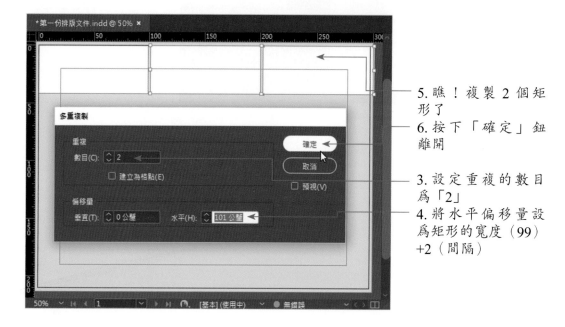

5. 瞧！複製 2 個矩
   形了

6. 按下「確定」鈕
   離開

3. 設定重複的數目
   為「2」

4. 將水平偏移量設
   為矩形的寬度（99）
   +2（間隔）

➢ 直向複製矩形框

1. 加按「Shift」鍵使同時選取此 3 個矩形，然後執行「編輯／多重複製」指令
2. 重複數目設為「3」

4. 按「確定」鈕離開

3. 將垂直偏移量設為矩形的高度（42）+2（間隔）

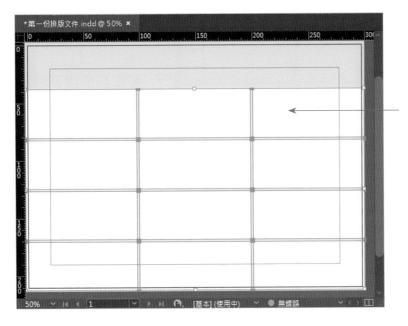

5. 同時選取此 12 塊矩形，按向下鍵使矩形區塊下移到印刷邊界，再按向左鍵數次，使矩形居中

3-2-4 矩形框的刪除與調整

　　利用「矩形工具」、「控制」面板、「多重複製」功能，我們已經順利地切割版面區塊，接下來可以將多餘的區塊刪除，然後再調整框線位置就可以了。

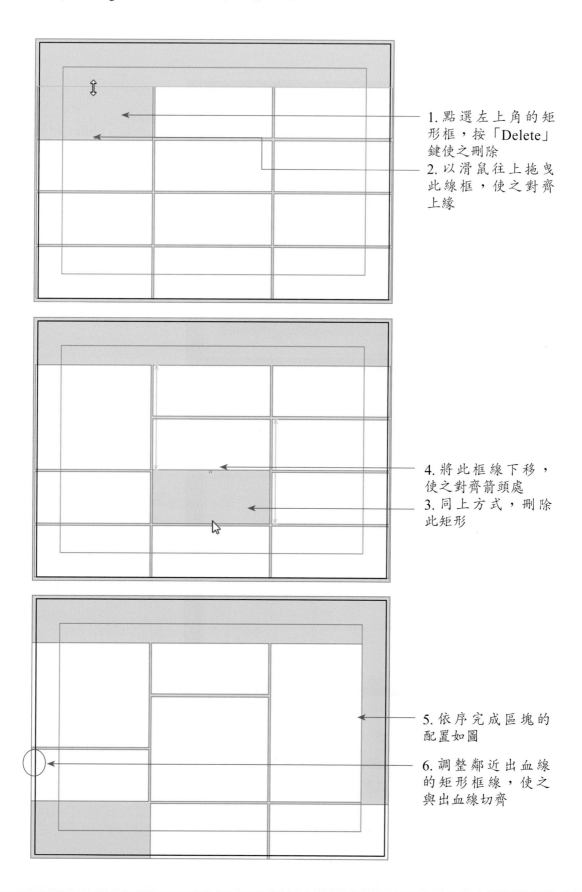

1. 點選左上角的矩形框，按「Delete」鍵使之刪除
2. 以滑鼠往上拖曳此線框，使之對齊上緣

4. 將此框線下移，使之對齊箭頭處
3. 同上方式，刪除此矩形

5. 依序完成區塊的配置如圖

6. 調整鄰近出血線的矩形框線，使之與出血線切齊

3-3 圖片的置入與編輯

　　配置的圖文框確定後，接下來準備將相關的圖片置入到文件中，而透過「控制」面板可以設定矩形框架與內容物之間的關係。

3-3-1 置入圖片

　　點選矩形框後，執行「檔案／置入」指令可在框內插入圖片。

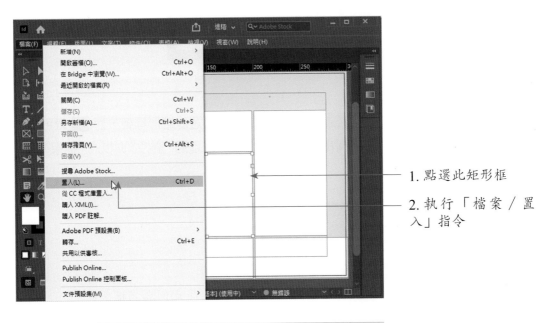

1. 點選此矩形框

2. 執行「檔案／置入」指令

3. 選取圖片縮圖

4. 按下「開啟」鈕

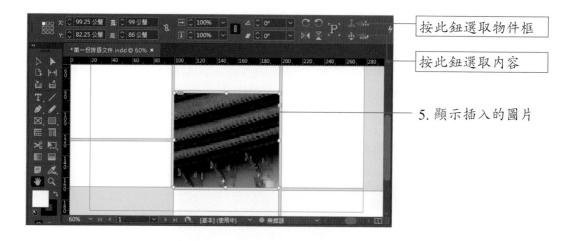

按此鈕選取物件框

按此鈕選取內容

5. 顯示插入的圖片

3-3-2 調整圖片大小比例

圖片插入物件框後，透過「控制」面板上的 ⬆ 鈕可選取矩形框架，而 🔳 鈕可選取框內的圖片。另外，針對框架與圖片的關係，各位還可以透過「屬性」面板的「框架符合」來進行調整。

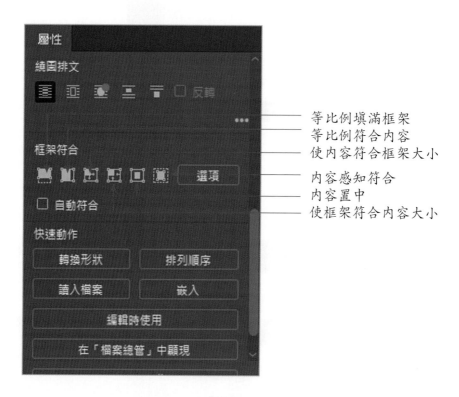

等比例填滿框架
等比例符合內容
使內容符合框架大小
內容感知符合
內容置中
使框架符合內容大小

接著我們延續上面的範例繼續設定圖片與框架的關係：

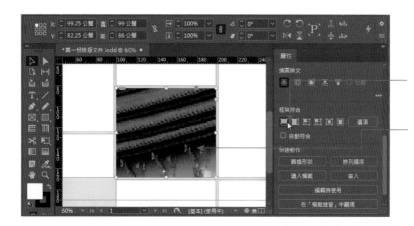

2. 按此鈕，使等比例填滿框架（這樣圖片才不會變形）

1. 點選矩形框

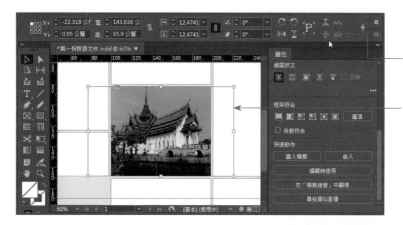

3. 按下此鈕使選取圖片

4. 瞧！可看見圖片的位置

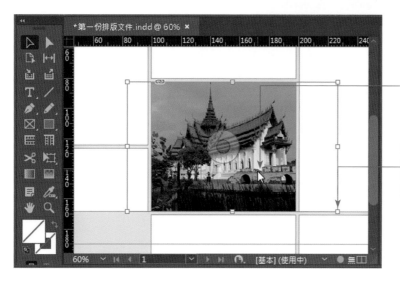

5. 按住滑鼠拖曳，即可改變圖片的左右位置和構圖

加按「Shift」鍵拖曳四角控制點，則可做縮放

接下來同前面方式依序插入圖片，試試各按鈕的效果，以便了解圖片與框架之間的關係。

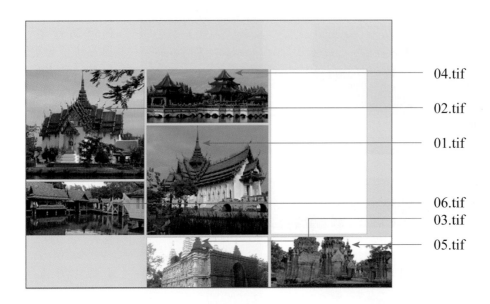

04.tif
02.tif
01.tif
06.tif
03.tif
05.tif

目前的圖片都包含有細線框，如果想要刪除，可以透過「選取工具」選取矩形框，再由「控制」面板將「線條」設為「無」就行了。

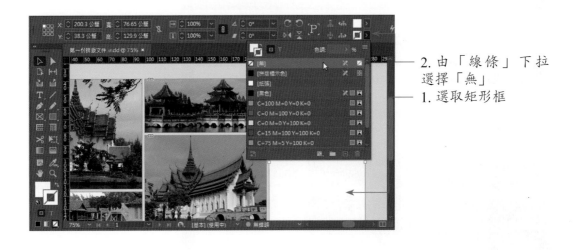

2. 由「線條」下拉選擇「無」

1. 選取矩形框

3-3-3 剪裁矩形框

　　剛剛利用「矩形工具」，已經整齊的把圖像排列完成，如果覺得版面有些呆版，還可以利用「新增錨點工具」 與「直接選取工具」 來調整框的外型。設定方式如下：

1. 以「選取工具」先點選此圖框
3. 按此處使新增一錨點
2. 再點選「新增錨點工具」

4. 改選「直接選取工具」
5. 點選右上角的錨點，向下拖曳至此即可剪裁造型

6. 圖框被剪裁掉了一角

7. 同上方式完成此圖片的剪裁

3-4 文字的加入與編輯

圖片編輯完成後，接著要在右側的區塊內加入說明文字，而左上方則會加入標題。

3-4-1 複製／貼入內文

請開啓「文字.txt」文字檔，利用「複製」與「貼上」指令，就可以將內文貼入白色的矩形區塊中。

1. 開啓文字檔

2. 選取內文後，執行「編輯／複製」指令

4. 在區塊左上角按一下，使顯示文字輸入點，再按「Ctrl」+「V」鍵貼入文字

3. 點選「文字工具」

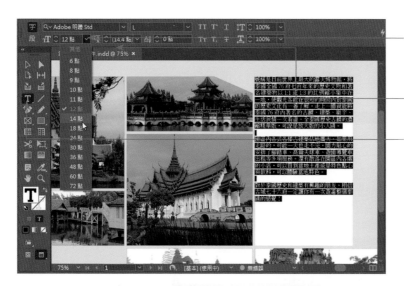

6. 由「控制」面板下拉變更字型的大小

如果只有少許文字進不去文字框，可稍微調整行距

5. 點選文字框後，點選「文字工具」

8. 由此下拉將填色設為「無」

7. 改選「選取工具」

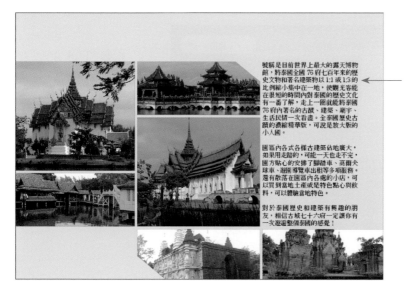

9. 內文字設定完成

3-4-2 標題效果設定

在標題方面，為了吸引觀眾的目光，我們將採用具有古老氣息的棕色調，並為文字加入框線與陰影效果，這些設定大都可以利用「控制」面板來設定。

2. 在此拖曳出文字區塊的範圍
1. 點選「文字工具」

4. 「文字工具」點選的狀態下，由此設定字型、粗體樣式與大小
3. 輸入或貼入標題文字
5. 文字選取情況下，雙按此色塊設定文字填色

8. 再按「確定」鈕離開
7. 按此鈕新增色票
6. 由此輸入 CMYK 的數值

9. 點選「線條」鈕

10. 下拉選擇紙張白色

11. 由「視窗」功能表開啟「線條」面板，將線條寬度設為「2」點

14. 按此鈕並下拉選擇「陰影」

13. 改選「選取工具」

12. 瞧！標題字加入白色的線框

15. 設定陰影的距離和偏移值

16. 按下「確定」鈕

17.完成標題文字的
效果設定

3-5 轉存檔案

行文至此，宣傳單已經編排完成，各位除了保留 InDesign 專有的 indd 格式外，也可以將它轉存 Adobe PDF 列印檔。設定方式如下：

1. 執行「檔案／轉存」
指令

3. 輸入檔案名稱

2. 點選此存檔格式

4. 按下「存檔」鈕離開

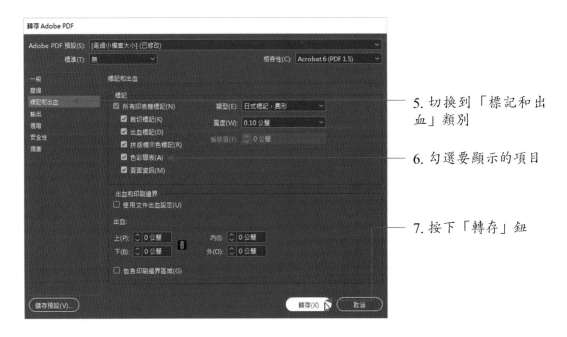

5. 切換到「標記和出血」類別

6. 勾選要顯示的項目

7. 按下「轉存」鈕

轉存後，按兩下於該圖示鈕，就會顯示如下的畫面。

第四章　文件版面設定關鍵技巧

在前面的章節中,透過宣傳單的製作,對於圖、文、框的使用,相信各位已經有深一層的認識;從這一章開始我們將針對 InDesign 的各項功能技巧做深入探討和說明,讓各位對於軟體的使用更上一層樓,能夠將個人的創意靈活的運用在排版設計之中。

首先要探討的就是文件版面的設定,不管是新建文件、修改文件,主版設計、套用主版至頁面、儲存範本等,與文件版面有關的問題都會在此做詳實說明。

4-1 建立新文件

不管是製作簡單的廣告文宣或是複雜的書籍排版,第一個工作就是從開啓空白文件開始。目前 InDesign 提供如下三種方式的文件:

三種文件類型

> 列印:製作印刷出版品,諸如:海報、宣傳單、型錄、書籍等,通常以「公釐」為測量的單位。
> 網頁:製作網頁用的版面,使用的尺寸是以螢幕為基準,諸如:800×600、1024×768……,度量單位則為「像素」。
> 行動裝置:製作以行動閱讀為主的出版品,諸如:iPhone、Android、或 iPad 等行動裝置。

各位可依照設計的需求來選擇適合的文件方式,若是以印刷出版品為主,則請選擇「列印」方式。要新增文件,請執行「檔案/新增/文件」指令,並依照下面的視窗步驟做設定。

1. 切換到「列印」標籤
2. 設定頁面的寬高
3. 設定頁面方向
4. 設定頁數

5. 依據需求選擇是否勾選此二選項
6. 由此處可設定出血值
7. 按下「邊界和欄」鈕

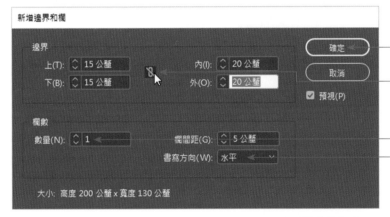

11. 按「確定」鈕離開
8. 按此鈕取消後，可分別設定上／下／內／外的邊界範圍
9. 設定是否分欄
10. 選擇文字書寫方向

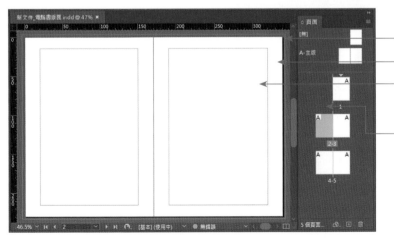

出血線
頁面大小
邊界

12. 完成電腦書籍尺寸的設定（對頁形式）

針對剛剛的設定內容，這裡將比較特別的選項跟各位做解說。

➢ 對頁

勾選「對頁」的選項，可以產生如雜誌或書籍之類的文件形式；若未勾選，則會顯示如講義之類的單頁文件。如下圖所示：

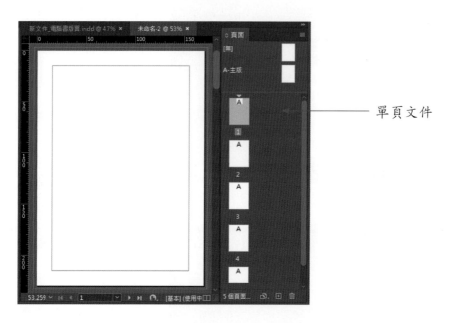

單頁文件

➢ 主要文字框

勾選「主要文字框」的選項，它會自動在邊界範圍內加入文字連接框，當文案置入文字框時，內文就會自動串接起來，對於長篇文件的編排相當的好用又快速。

一個指令將文字檔置入後，內文就會自動排列直到結束

▷裝訂

市面上的書刊雜誌，目前大致上分為兩種：一種是由左至右的閱讀版面，這類型的書刊雜誌大都採用橫式的文字方向。另一種則是由右向左的閱讀版面，大都用直排的文字方向。因此各位在新增文件時，也必須考慮版面的裝訂方向。

裝訂會影響頁面的頁碼設定，也會影響文字的書寫方向。以 InDesign 為例，選擇「由左至右」 📄 的裝訂時奇數頁會在右側，預設狀態也會顯示水平的書寫方向；選擇「由右至左」 📄 的裝訂奇數頁會在左側，同時設定為垂直的書寫方式。

選擇「由左至右」的裝訂，奇數頁會在右側

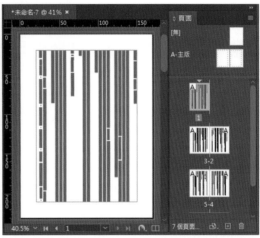

選擇「由右至左」的裝訂，奇數頁會在左側

在頁數方面可預先概略估算頁數，如果不夠或有多餘的頁面，屆時也可以透過「頁面」面板來插入或刪除。

4-2 修改文件

已經設定好的文件，萬一發現有誤，此時不用急著重新設定一次，只要利用以下兩種方式來做修改就可以了。

4-2-1 重新設定版面

想要針對「新增文件」視窗來修改頁面大小、方向、裝訂、對頁等屬性，只要執行「檔案／文件設定」指令就可辦到。

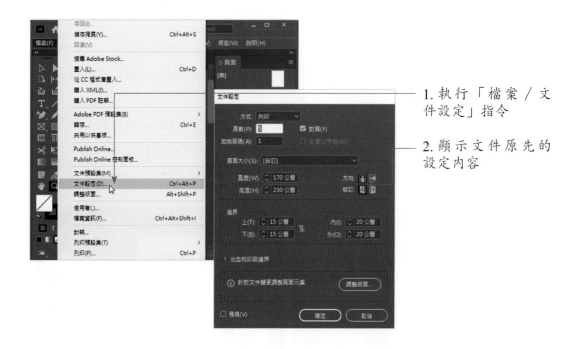

1. 執行「檔案 / 文件設定」指令

2. 顯示文件原先的設定內容

4-2-2 重設邊界與分欄

如果想要針對邊界或欄的部分作修改,則請執行「版面 / 邊界和欄」指令。

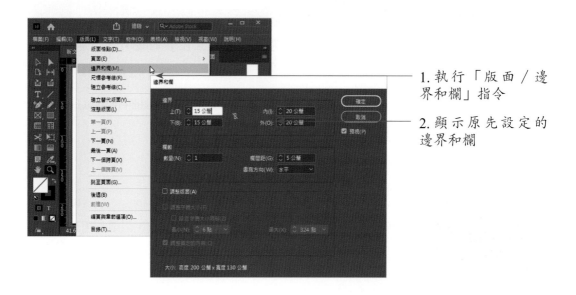

1. 執行「版面 / 邊界和欄」指令

2. 顯示原先設定的邊界和欄

4-3 編輯主版

主版是提升排版效率的一項好工具,像是電腦書的編排,書名、章名、頁碼等資訊,以及版面的底色圖案,就可以將這些必要且不會更動位置的物件編排在主版上,以簡化編

輯過程。執行「視窗／頁面」指令開啓「頁面」面板，我們一起來了解主板的更名、編輯或新增。

4-3-1 更改主版名稱

主版名稱不一樣要更改，但是當各位有多個主版同時運用時，為了方便辨識，可以透過以下的方式，取一個較易辨認的名稱。

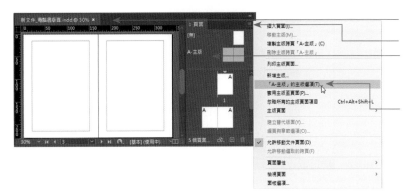

1. 開啓文件檔
3. 按此鈕
2. 由「頁面」面板點選此名稱，使選取兩個頁面
4. 下拉選擇「A-主板的主版選項」

6. 按下「確定」鈕
5. 輸入新的版面名稱

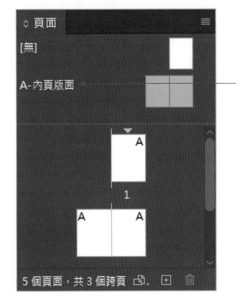

7. 主板名稱更新完成

4-3-2 編輯主版

　　編輯主版的方式很簡單，透過前一章介紹的「檔案／置入」指令，將所需的圖或文編排到版面上就可以了。

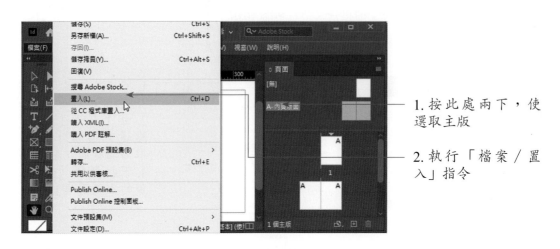

1. 按此處兩下，使選取主版

2. 執行「檔案／置入」指令

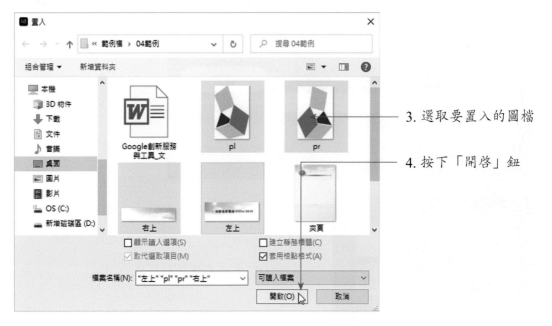

3. 選取要置入的圖檔

4. 按下「開啟」鈕

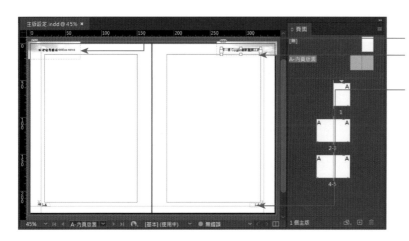

5. 將圖案排列如圖

6. 以「文字工具」加入章節的名稱

7. 插入文字區塊後，執行「文字／插入特殊字元／標記／目前頁碼」指令，使加入左右兩邊的頁碼標記

完成如上動作後，一本電腦書的內頁主版就完成了，書名、章名、左右頁碼、底圖等一應俱全。

4-3-3 新增主版

在編排文件時，如果需要多個主版，隨時都可以透過「頁面」來新增主版，其新增方式如下：

1. 按此鈕

2. 下拉選擇「新增主版」指令

4-4 範本的儲存與使用

　　剛剛已經簡要地把主版設計完成，除了章名、書名、底圖、頁碼等必要資訊外，像是參考線、色票、段落樣式、字元樣式等設定，也可以預先製作好。待所有需要的設定都完備後，就可以考慮將它儲存為範本，這樣下次就能直接叫出來使用，省掉許多編排的時間。

4-4-1 儲存為範本

　　要將已設定的文件儲存為範本，請執行「檔案／另存新檔」指令，再選用範本的格式就行了。

1. 執行「檔案 / 另存新檔」指令

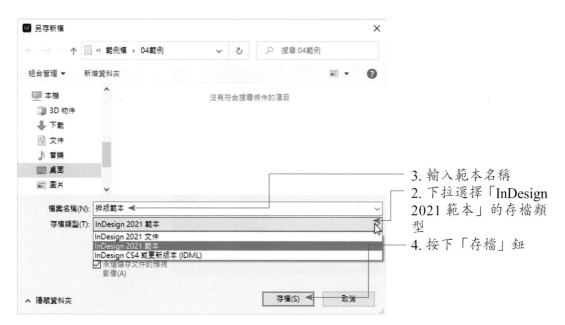

3. 輸入範本名稱

2. 下拉選擇「InDesign 2021 範本」的存檔類型

4. 按下「存檔」鈕

　　在「存檔類型」的選項中，「InDesign CS4 或更新版本（IDML）」，可提供各位降存文件，以便在 CS4 以上的版本中開啟。

4-4-2 開啟與套用範本檔

　　剛剛已經將檔案儲存為範本檔，下回若要套用範本檔，只要利用「檔案 / 開啟舊檔」的指令，就可以變成未命名的檔案供各位使用。

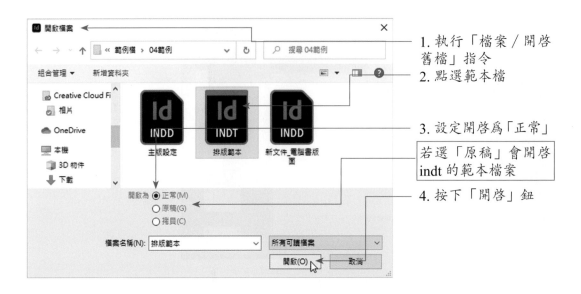

1. 執行「檔案 / 開啓
舊檔」指令

2. 點選範本檔

3. 設定開啓為「正常」

若選「原稿」會開啓
indt 的範本檔案

4. 按下「開啓」鈕

5. 顯示尚未命名的
文件檔

4-5 編輯頁面內容

　　剛剛已經簡要地把主版設計完成，接下來就可以準備編輯頁面的內容，這裡將說明如何套用主版至頁面中，同時學會頁面的新增。請開啓「編輯頁面內容 .indd」檔，並將文字置入文字區塊中。

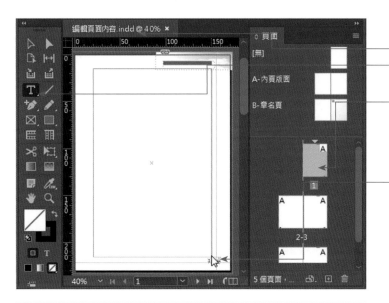

1. 開啟文件檔
3. 點選「文字工具」

2. 按滑鼠兩下使切換到第 1 頁

4. 拖曳出內文要放置的區塊範圍

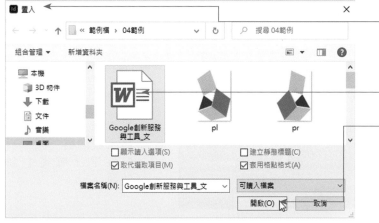

5. 執行「檔案／置入」指令使進入此視窗

6. 選取文字檔

7. 按此鈕開啟檔案

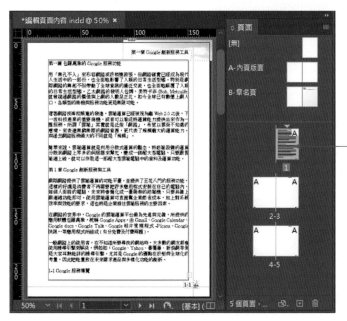

8. 文字已顯示在第一頁的文件中

4-5-1 套用主版至頁面

在預設狀態下，頁面會自動套用預設的主版，然而書籍的第一頁通常會做較特殊的章節版面，因此這裡為各位示範如何套用「章名頁」的主版。請延續上面的範例繼續進行。

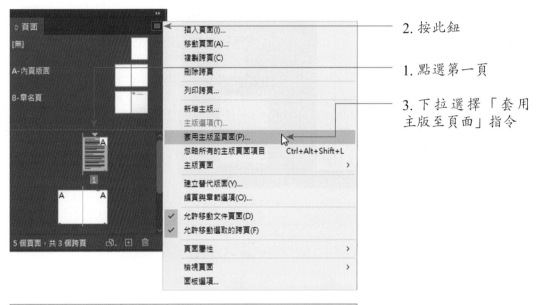

2. 按此鈕

1. 點選第一頁

3. 下拉選擇「套用主版至頁面」指令

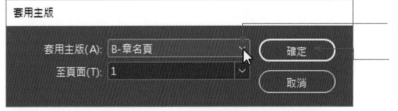

4. 下拉選擇要套用的主板名稱

5. 按下「確定」鈕離開

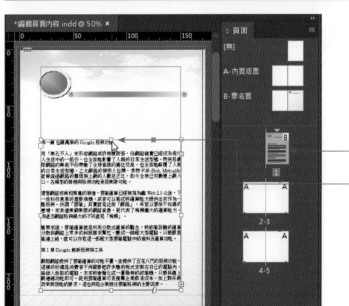

6. 瞧！第1頁套用「B-章名頁」的主版了

7. 下拉文字區塊至起始的位置

除了上述的方式來套用主版外，還有一個更便捷的方式可將主板套用到頁面上。方式
如下：

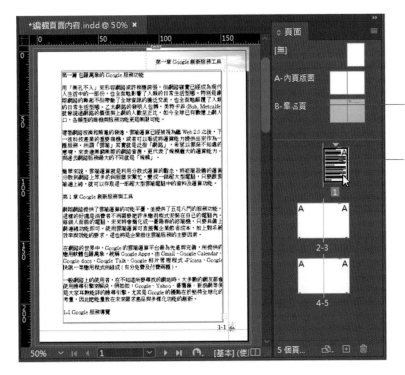

1. 按住此主版不放

2. 將主版拖曳到第
1 頁的頁面縮圖中就
搞定

4-5-2 新增頁面

假如沒有在新增文件時，勾選「主要文字框」的選項，那麼文字置入後就必須如本範
例一樣，一頁頁慢慢地加入文字框。

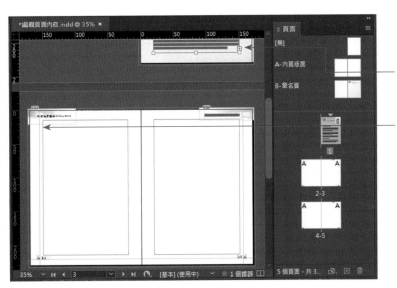

1. 點選第 1 頁右下角
的 ⊞ 圖示，使出現文
字區塊的圖示

2. 於第 2 頁拖曳出文
字區塊的區域範圍

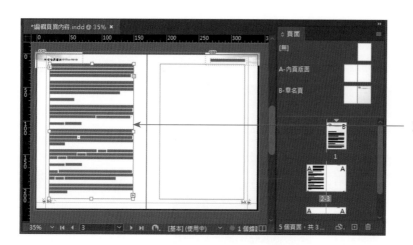

3. 瞧！文字區塊已
陸續填滿

萬一原先預計頁數不夠使用，那麼就得透過「頁面」面板來新增頁面。

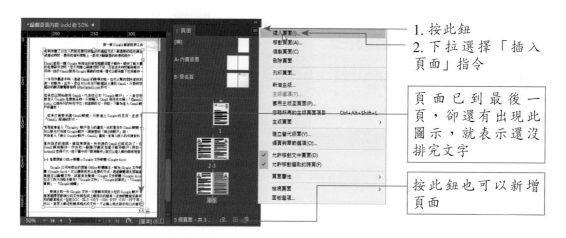

1. 按此鈕
2. 下拉選擇「插入
頁面」指令

頁面已到最後一
頁，卻還有出現此
圖示，就表示還沒
排完文字

按此鈕也可以新增
頁面

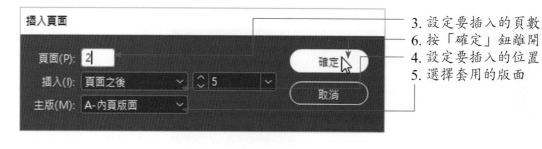

3. 設定要插入的頁數
6. 按「確定」鈕離開
4. 設定要插入的位置
5. 選擇套用的版面

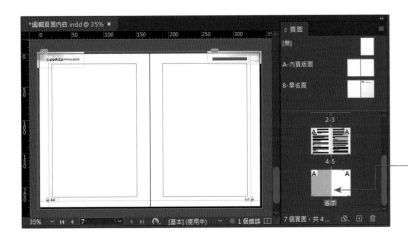

7. 新增的頁面已接續在後

4-5-3 刪除多餘頁面

　　排版之後如果有多餘的頁面，可由「頁面」面板下拉執行「刪除頁面」指令，或是直接拖曳頁面縮圖到垃圾桶就可搞定。

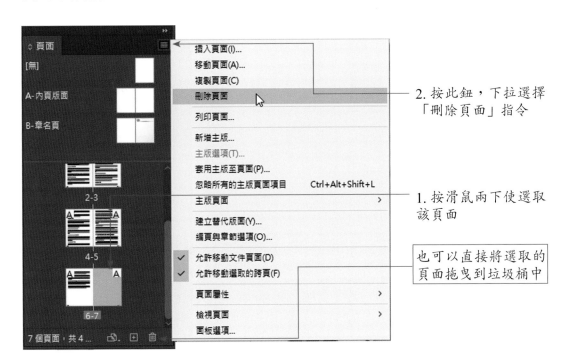

2. 按此鈕，下拉選擇「刪除頁面」指令

1. 按滑鼠兩下使選取該頁面

也可以直接將選取的頁面拖曳到垃圾桶中

第五章　框架功能徹底研究

使用 InDesign 從事頁面的編排，對於「框架」的概念不能不知，因為透過框架的排列組合，可對版面產生分割的效果，讓圖文在規律的排列中，仍然擁有變化的視覺感受。這一章節將針對框架的種類、建立方式與置入方法做說明，讓各位對框架的使用有更深入的了解。

5-1 框架種類

排版軟體主要是作圖文的編排，所以框架大致上區分為「文字框」和「圖形框」兩種，若要細分，「框架格點」也屬於框架的一種延伸，此處就先來了解這些框架的差異性。

5-1-1 文字框 / 框架格點

文字框就是放置標題或內文字的地方，通常利用「文字工具」[T] 或「垂直文字工具」[↓T] 所繪製的框架，就是文字框。

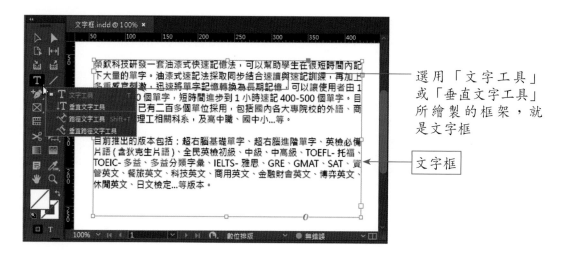

選用「文字工具」或「垂直文字工具」所繪製的框架，就是文字框

文字框

如果是使用「水平格點工具」▦ 或「垂直格點工具」▦ 來繪製框架，那麼繪製出來的框架就是「框架格點」。

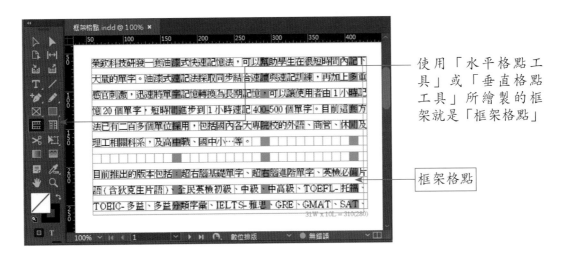

使用「水平格點工具」或「垂直格點工具」所繪製的框架就是「框架格點」

框架格點

　　「文字框」與「框架格點」二者之間是可以互相轉換的，只要按右鍵於框架上，然後執行「框架類型」指令，再由副選項中選擇「文字框」或「框架格點」就行了。如圖示：

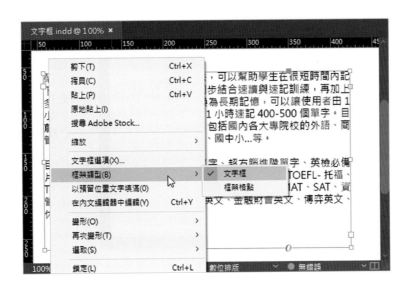

5-1-2 圖形框

　　圖形框就是放置圖案或相片的地方，一般使用「矩形框架工具」、「橢圓框架工具」、「多邊形框架工具」所繪製的造型就是圖形框，它會在框架中出現一個大大的「×」號，因此很容易辨識。

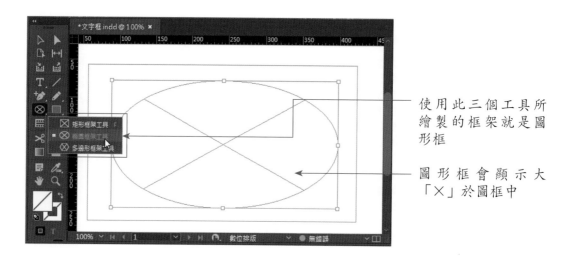

使用此三個工具所
繪製的框架就是圖
形框

圖形框會顯示大
「×」於圖框中

　　另外，也可以使用選用「矩形工具」■、「橢圓工具」●、「多邊形工具」● 來繪製框架，不過繪製的圖形框架不會出現大「×」於圖框中，如圖示：

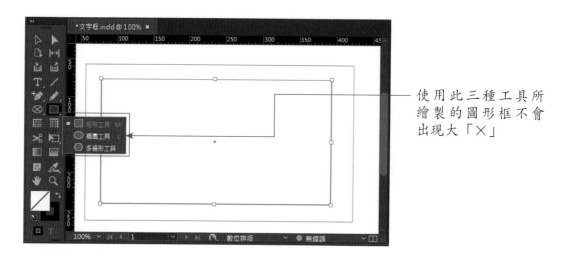

使用此三種工具所
繪製的圖形框不會
出現大「×」

5-1-3 指定框架內容

　　在 InDesign 中，圖文框與文字框之間是可以互相轉換的。例如：以 ⊠、⊗、⊗, 三種工具所繪製的圖形框，若按右鍵即可轉換成文字框。

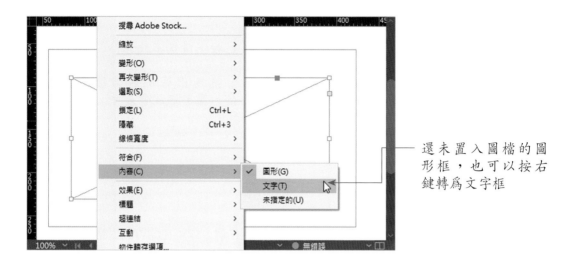

另外，使用 、 、 所繪製框架，由於尚未指定框架的類型，所以也可以透過右鍵來將框架指定為文字框或圖形框。

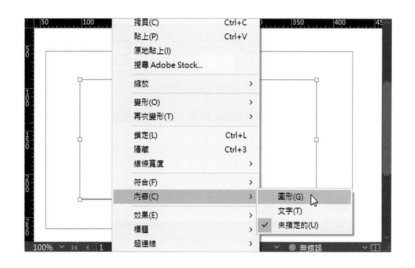

5-2 建立圖形框架

在圖形部分，不管是矩形、橢圓形、多邊形等幾何造型，或是不規則的手繪造型，都可以輕鬆繪製，此處將針對這幾種圖形的繪製技巧做說明，至於路徑的繪圖與編修，以及圖形的運算與變化，則留待第七章再來探討。

5-2-1 繪製矩形框 / 橢圓框 / 多邊形框

使用 、 、 、 、 、 等工具繪製圖形框架時，只要以拖曳方式拖曳出圖形的區域範圍，即可建立圖形框架。

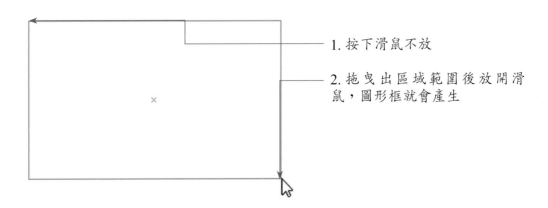

1. 按下滑鼠不放

2. 拖曳出區域範圍後放開滑鼠，圖形框就會產生

若要建立精確的框架尺寸，則是在頁面上按一下左鍵，即可在開啓的對話視窗中輸入數值。而各設定的內容如下：

➢ 矩形框設定

➢ 橢圓框設定

➢ 多邊形框設定

多邊形框架工具 與多邊形工具 除了能設定框架的寬度與高度外，還可以透過視窗來決定多邊形的「邊數」，而「星形凹度」則是控制圖框變成多邊形或是星形。

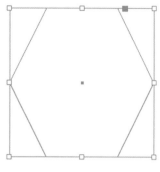

星形凹度設為「0%」會顯示成多邊形

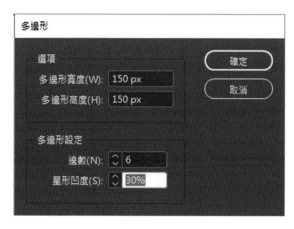
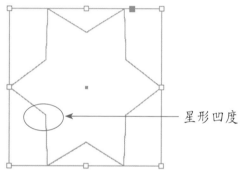

星形凹度值越大，星形就越尖銳

5-2-2 徒手畫框

除了幾何圖形的繪製外，也可以使用「鉛筆工具」 ✏ 來徒手畫出不規則形狀的框架。

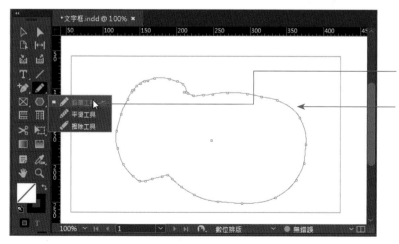

1. 點選「鉛筆工具」

2. 按住滑鼠做拖曳，並將起始點與結束點連接起來，就會形成不規則形狀的框架

繪製完成的不規則框架可以置入文字或圖片，只要利用滑鼠右鍵來指定內容。

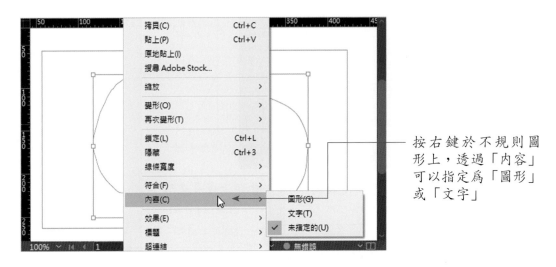

按右鍵於不規則圖形上，透過「內容」可以指定為「圖形」或「文字」

而在使用鉛筆工具徒手繪製框架時，可以先按滑鼠兩下於「鉛筆工具」 上，它會顯示如下的視窗，以便設定鉛筆工具的精確度或平滑度。

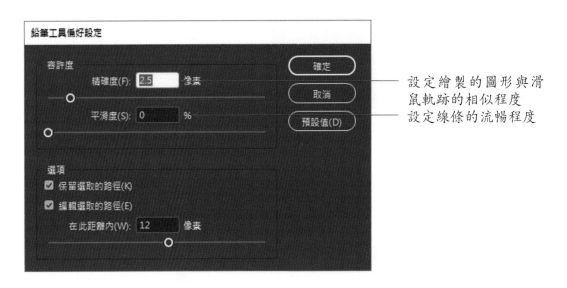

設定繪製的圖形與滑鼠軌跡的相似程度
設定線條的流暢程度

繪製完成的造型若不夠平順，還可以選用「平滑工具」 來修飾喔。

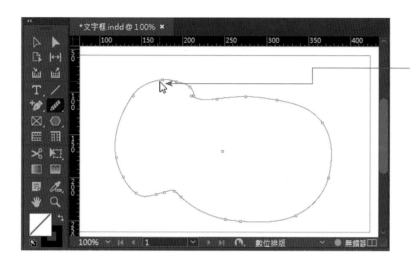

選取造型後，以「平滑工具」拖曳造型的線框，就可以減少錨點，讓造型變平順

5-3 建立文字框架

前面提到，以「文字工具」 T 或「垂直文字工具」 T 所繪製的框架就是文字框；使用「水平格點工具」 ▦ 或「垂直格點工具」 ▦ 所繪製框架則稱為「框架格點」，這兩種框架都是屬於文字框。

5-3-1 以文字工具建立文字框

選用「文字工具」 T 或「垂直文字工具」 T 後，只要在頁面上以拖曳方式畫出文字要放置的區域範圍，它就會自動產生文字框架，並會在起點處顯示文字輸入點。如圖示：

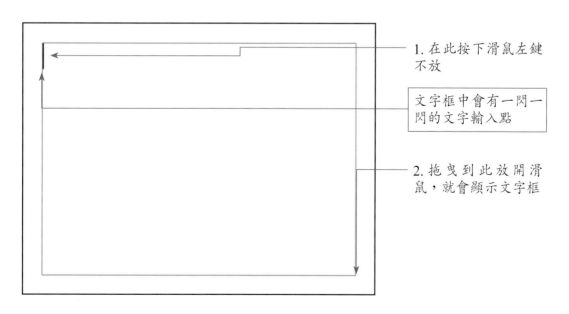

1. 在此按下滑鼠左鍵不放

文字框中會有一閃一閃的文字輸入點

2. 拖曳到此放開滑鼠，就會顯示文字框

5-3-2 以格點工具建立框架格點

選用「水平格點工具」▦ 或「垂直格點工具」▥，一樣是在頁面上以拖曳方式畫出文字要放置的區域範圍，它就會自動產生框架格點。如圖示：

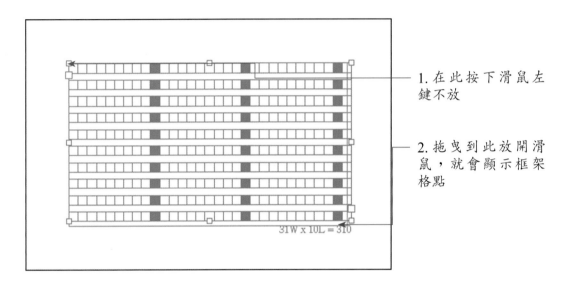

1. 在此按下滑鼠左鍵不放

2. 拖曳到此放開滑鼠，就會顯示框架格點

5-4 文字加入至文字框

建立文字框後，接下來就是將文字加入到文字框中。這裡除了介紹各種文字加入的方式，還會針對文字框選項來作探討。

5-4-1 文字加入方式

文字將入到文字框的方式，基本上有以下幾種選擇：

➢ 直接利用鍵盤建入文字。

➢ 使用「Ctrl」+「C」鍵與「Ctrl」+「V」鍵，將文字複製與貼入文字框中。

➢ 對於特殊字元，諸如：版權、註冊商標、商標等符號，或是連字號、破折號、引號等，可以利用「文字／插入特殊字元」指令來插入。

➢ 使用「編輯／置入」指令，可以將*.txt、*.doc、*.rtf等文字格式的檔案置入到文字框中。

1. 文字輸入點放在文字框中，然後執行「檔案 / 置入」指令

2. 點選文字檔

3. 按下「開啟」鈕

4. 瞧！文字已顯示在文字框中

　　在置入 Word 文字檔時，如果原先已在檔案中設定了文字或表格的樣式，那麼可以透過讀入選項的設定，來選擇要保留的項目。如圖示：

1. 點選 doc 文字檔
2. 勾選此項，使顯示插入選項
3. 按下「開啟」鈕

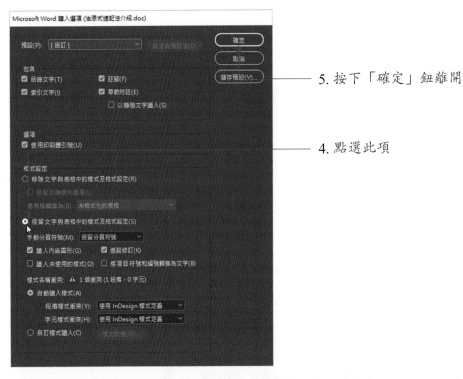

5. 按下「確定」鈕離開

4. 點選此項

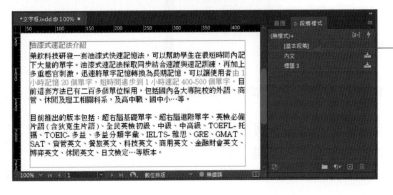

6. 原先設定的段落樣式或字元樣式也會一併進入 InDesign 中

5-4-2 文字框選項

　　加入文字後，若要設定文字與文字框之間的屬性關係，則請按右鍵執行「文字框選項」指令，就可以針對分欄數、內縮間距、垂直對齊方式、首行基線、自動大小調整等選項做設定。

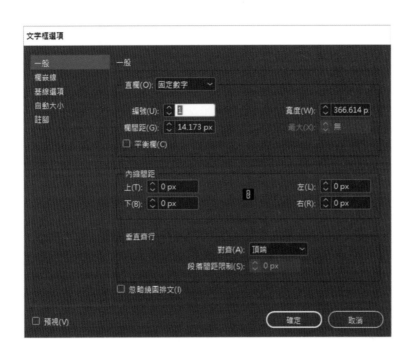

5-5 圖形置入圖形框

　　圖形要插入到 InDesign 文件中，事實上直接利用「檔案／置入」指令就可以插入，而插入後的圖檔，使用「控制」面板上的「X 縮放百分比」➡️ 鈕與「Y 縮放百分比」⬇️ 鈕，即可做等比例的縮放。而此二按鈕除了做百分比縮放外，若要指定確切的寬度或高度，也可以加入 i、p、mm、c 之類的縮寫輸入值。此處我們就以「公釐」為單位，為各位做示範。

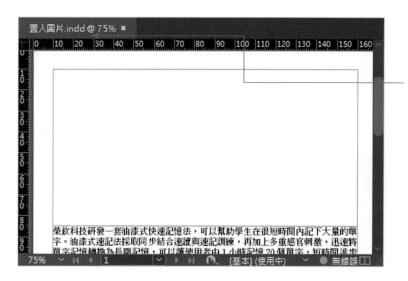

1. 開啓文件檔，執行「檔案 / 置入」指令

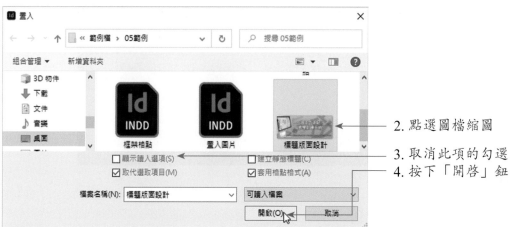

2. 點選圖檔縮圖

3. 取消此項的勾選

4. 按下「開啓」鈕

6. 選取此欄位，輸入「150 mm」後，按下「Enter」鍵

5. 滑鼠指標變成圖片時，在文件上按一下，即可顯示圖片

7. 圖片等比例縮放成期望的尺寸了

對於頁數或圖片較少的文件，可以採用剛剛介紹的方式來插入圖片，但是較正統的編排方式，筆者建議大家以圖文框架的方式來規劃版面。同樣地，點選圖文框後再執行「檔案 / 置入」指令，即可將圖檔置入框架中。

1. 開啓「圖片置入圖形框.indd」檔案，並點選圖形框

2. 執行「檔案 / 置入」指令

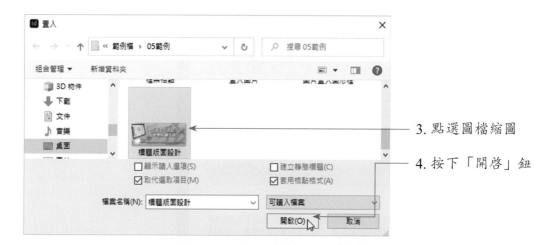

3. 點選圖檔縮圖

4. 按下「開啟」鈕

5. 圖片顯示在框架內

這一小節我們將針對框架內的圖片設定做說明。請開啟「控制」面板和「屬性」面板，控制框架內的圖片主要會用到以下幾個按鈕：

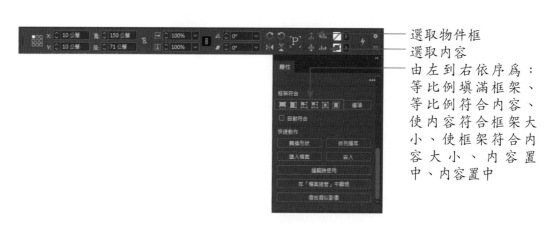

選取物件框
選取內容
由左到右依序為：等比例填滿框架、等比例符合內容、使內容符合框架大小、使框架符合內容大小、內容置中、內容置中

5-5-1 移動框架內圖片

剛剛插入進來的圖片比原來的圖框大許多，因此各位看到的是圖片的局部範圍，此時可以利用「選取內容」 鈕來調整圖片在框架內的位置。

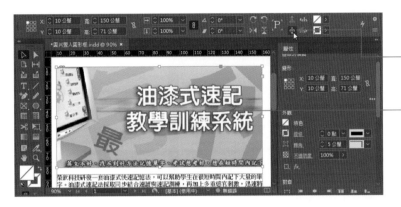

2. 按此鈕選取圖片內容

1. 點選圖片

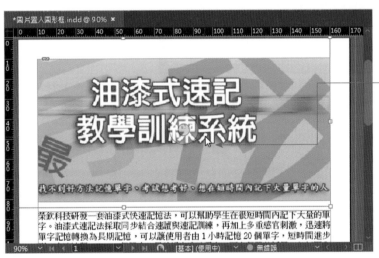

3. 以滑鼠拖曳圖片，即可改變圖框內顯示的圖片內容

5-5-2 圖片符合框架

透過上面的方式，可以將圖像的精華區域顯示在特定的圖框當中。如果希望原先的圖片能夠完全顯示在圖框的區域範圍內，那麼就可以考慮選用「使內容符合框架大小」 鈕。

圖片完全顯示在圖框中，不過會有些變形

5-5-3 等比例符合內容物

圖片插入圖形框後，透過「等比例符合內容」 鈕，可以讓圖片內容完全顯示在圖框內。

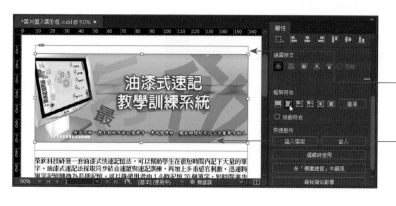

多出來的部分可以滑鼠直接拖曳框線，使之裁切

圖片完全顯示在框架內

5-5-4 移動物件框

當圖片與圖框的關係確認後，如果需要同時移動圖形與圖框的位置，那麼使用「選取工具」 選取圖框，並確認「控制」面板上的「選取物件框」 鈕呈現灰色，這樣就可以同時移動圖片與圖框的位置了。

2. 確認此鈕呈現灰色
1. 點選「選取工具」

3. 拖曳圖片，即可同時移動圖片與圖框位置

第六章　色彩管理的百變應用

色彩在版面編排上是一項不可或缺的要素，不管是色塊的使用、文字大小標的設定，透過不同色彩的搭配組合，也可以讓版面變得活潑有生氣。

以往在顏色的選擇上，設計師都是利用 RGB 色彩或 CMYK 色彩來設定顏色，InDesign 2021 版本開始也支援 HSB 色彩模式，所以在選擇顏色的任何地方輸入 HSB（色相、飽和度、亮度）值，就無需要轉換值。

這個章節將針對顏色面板、色票面板、漸層面板等使用技巧做說明，同時也會介紹色調與特別色的建立方式與使用方法，讓各位對色彩的管理與使用有更深一層的認識。

6-1 顏色面板

執行「視窗 / 顏色 / 顏色」指令可開啟「顏色」面板。

6-1-1 色彩模式的選擇與切換

「顏色」面板提供 RGB、CMYK、Lab 三種色彩模式來調配顏色，各位可以透過面板右上角的 ▤ 選單鈕來做切換。

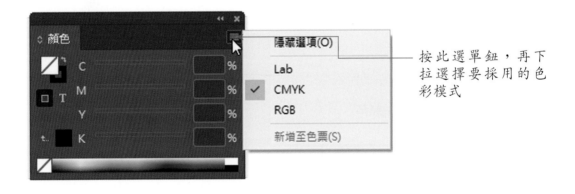

按此選單鈕，再下拉選擇要採用的色彩模式

對於網頁或數位排版的文件，通常都是選用 RGB 的色彩模式，它是以紅（Red）、綠（Green）、藍（Blue）三種顏色做混合，顏色數值由 0 到 255，顏色越混合越亮。如果是要做印刷出版，則要採用 CMYK 色彩模式，它是由青（Cyan）、洋紅（Magenta）、黃（Yellow）、黑（Black）四色，依據 0～100 的百分比例來做混色。

6-1-2 面板按鈕說明

這裡先說明面板各按鈕所代表的意義。

6-1-3 調色技巧

想要設定填滿的顏色，請按一下「填色」的色塊，使之顯示在上層，再透過滑鈕拖曳，即可看到色塊中的顏色變化。反之，若要設定線框的色彩，則按一下「線條」的色塊，使之顯示在上層，再由滑動鈕調配出色彩。

各位也可以由欄位中直接輸入顏色的數值，也可以由「光譜」處直接點按顏色，新的顏色自動會顯示在「填色」或「線條」的色塊中。如果要將色塊設定為無填色，則可按下光譜左側的 ⬜ 鈕。

6-1-4 填色至物件框或文字

當調配顏色後，透過面板上的 ⬛ 可將顏色填入物件框，而按下 🅣 鈕則是將顏色填入文字之中。填色技巧如下：

5. 按此鈕切換到文字

4. 瞧！色塊上自動填入剛剛選定的顏色

7. 文字立刻填入色彩

6. 由光譜選定顏色（如果要選擇其他色彩，可由右上角下拉選擇 RGB 或 CMYK）

8. 按下「線條」，使線條的色塊顯示在上層

10. 瞧！文字加入黑色的線框

9. 按此將顏色設為黑色

6-2 漸層面板

漸層面板主要設定顏色的漸變，讓顏色產生直線漸層或放射狀的漸層效果。執行「視窗／顏色／漸層」指令，即可顯現「漸層」面板。

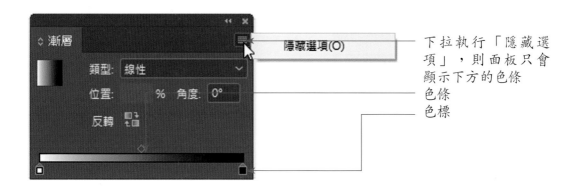

下拉執行「隱藏選項」，則面板只會顯示下方的色條
色條
色標

6-2-1 建立與套用線性漸層

「線性漸層」是指由一個顏色漸變到另一個顏色。要建立線性漸層，必須透過顏色面板、色票面板、或是工具面板上的填色色塊來調配顏色。

➢ 以顏色面板與漸層面板建立漸層色

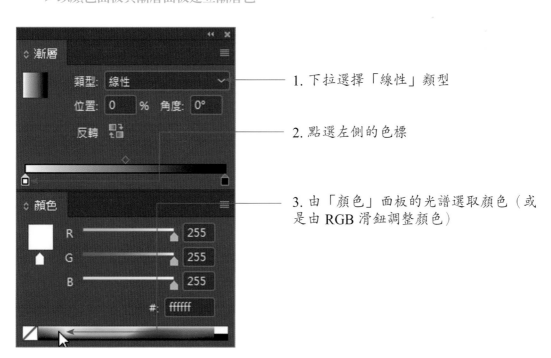

1. 下拉選擇「線性」類型

2. 點選左側的色標

3. 由「顏色」面板的光譜選取顏色（或是由 RGB 滑鈕調整顏色）

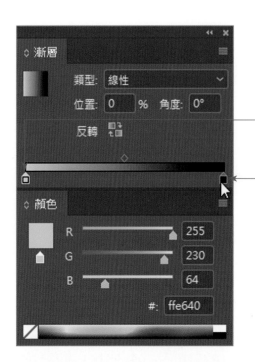

4. 點選的顏色已顯示在左側的色標中
5. 再點選右側的色標

7. 瞧！完成黃藍顏色的線性漸層設定
6. 調整顏色滑鈕的位置，使顯現要使用的顏色

出現此符號，表示顏色超出色域，按一下可以自動校正顏色

➢ 以工具面板與漸層面板建立漸層色

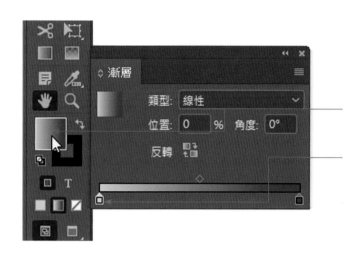

2. 按滑鼠兩下於「工具」面板的填色色塊，使進入檢色器視窗

1. 由「漸層」面板先點選要設定顏色的色標

4. 按下「確定」鈕離開

3. 選取要使用的顏色

5. 剛剛指定的色標已顯示新的色彩

➢ 以色票面板與漸層面板建立漸層色

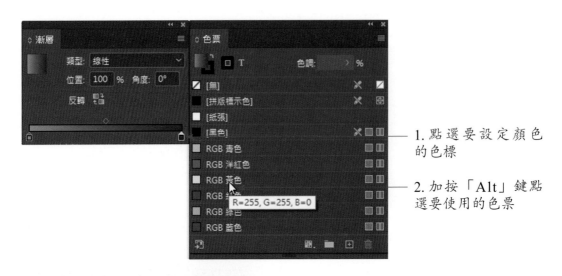

1. 點選要設定顏色的色標

2. 加按「Alt」鍵點選要使用的色票

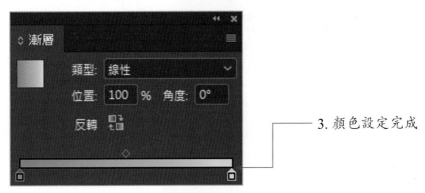

3. 顏色設定完成

➢ 套用漸層色

線性漸層建立後，以矩形、橢圓、多邊形等工具拖曳出造型，即可填入剛剛建立的漸層色。另外，「漸層」面板上還可控制漸層的位置和角度變化喔！如圖示：

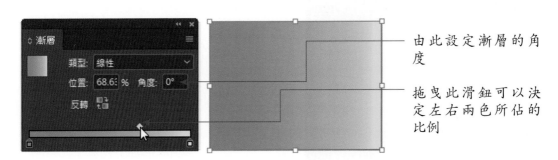

由此設定漸層的角度

拖曳此滑鈕可以決定左右兩色所佔的比例

6-2-2 建立與套用放射狀漸層

放射性漸層的建立與套用方式與線性漸層相同，只要從「漸層」面板的「類型」下拉，即可切換到「放射狀」漸層。如圖示：

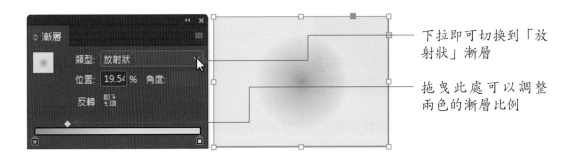

下拉即可切換到「放射狀」漸層

拖曳此處可以調整兩色的漸層比例

6-2-3 建立多色漸層

剛剛介紹的都是針對兩色的漸層效果，事實上也可以建立多色的漸層變化，只要在色條上按下滑鼠使增加幾個色標，再設定色標的顏色就可搞定。

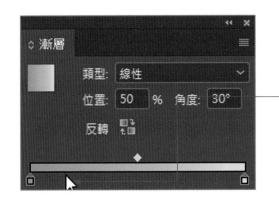

1. 在色條下方按下滑鼠左鍵，使新增色標

2. 依前面介紹的要領，為色標設定顏色

3. 同上方式，依序新增色標

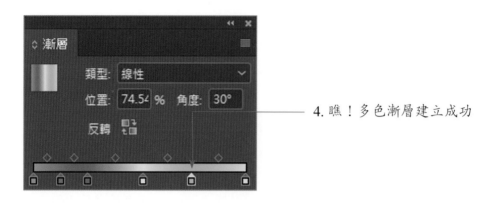

4. 瞧！多色漸層建立成功

建立多色漸層後，拖曳色標位置可以調整漸層比例；而多餘的色標也可以往下拖曳，即可刪除。如圖示：

拖曳紫色色標，可以調整橙／紫／黃的比例

將紫色色標往下拖曳到面板外，即可刪除

6-2-4 套用漸層到多個物件

當漸層設定完成後，若要將漸層套用到多個物件之中，只要選取所需的物件，透過「工具」面板下的「套用漸層」鈕就可搞定。

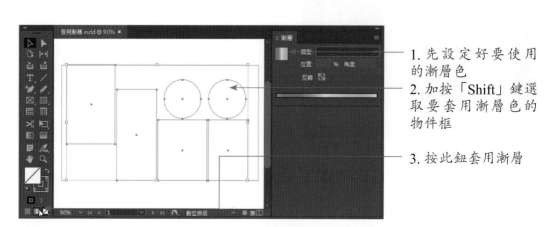

1. 先設定好要使用的漸層色

2. 加按「Shift」鍵選取要套用漸層色的物件框

3. 按此鈕套用漸層

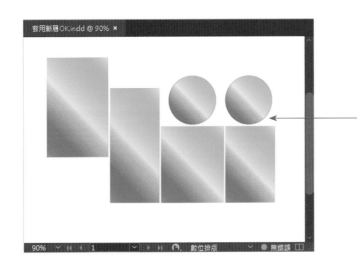

4.選取的物件都套用了漸層色

6-3 色票面板

　　「色票」面板可將選用的顏色記錄在面板中，並以色塊及色彩數值顯示以方便再度選用，執行「視窗 / 顏色 / 色票」指令即可開啓「色票」面板。

網頁或數位排版的文件會自動顯示 RGB 色票

印刷文件會自動顯示 CMYK 色票

6-3-1 色票顯示方式

　　預設狀態下，色票面板是以色票名稱顯示，不過各位也可自行更換顯示方式，只要透過面板右上角的 ■ 做切換就行了。而其顯示方式有以下四種。

大型清單

小型清單

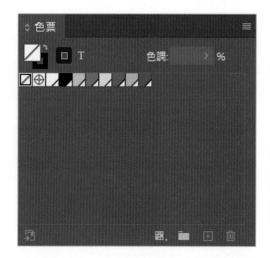

小型縮圖

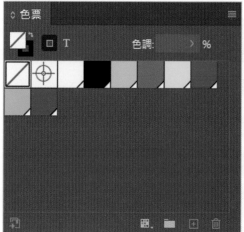

大型縮圖

6-3-2 新增色票

想要將選定的顏色新增到色票面板，利用「檢色器」中的「新增色票」鈕就可以辦到。

2. 按此鈕即可儲存
顏色到色票面板

1. 設定顏色

另外，由面板右上角的 ▤ 鈕下拉選擇「新增色票」指令，也可以在開啓的視窗中自訂顏色。

1. 按此鈕，並下拉
執行「新增色票」
指令

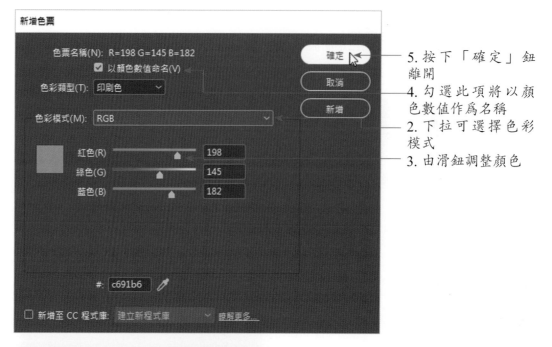

5. 按下「確定」鈕
離開

4. 勾選此項將以顏
色數值作為名稱

2. 下拉可選擇色彩
模式

3. 由滑鈕調整顏色

6. 顯示剛剛新增的顏色

如果已經在「顏色」面板上調配好顏色，直接將顏色面板上的色塊拖曳到色票面板中就可搞定。

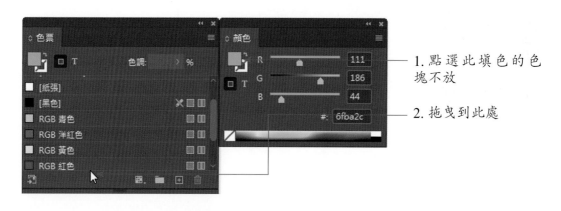

1. 點選此填色的色
塊不放

2. 拖曳到此處

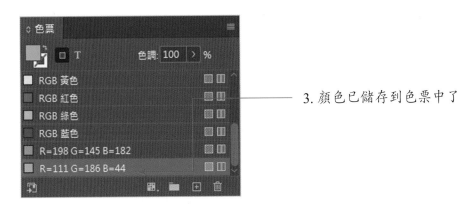

3. 顏色已儲存到色票中了

6-3-3 建立漸層色票

　　色票面板除了儲存單一色彩的色票外，對於「漸層」面板上的漸層色，一樣是將漸層色塊拖曳到「色票」面板中就可以了。

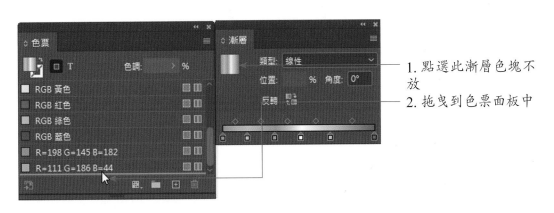

1. 點選此漸層色塊不放

2. 拖曳到色票面板中

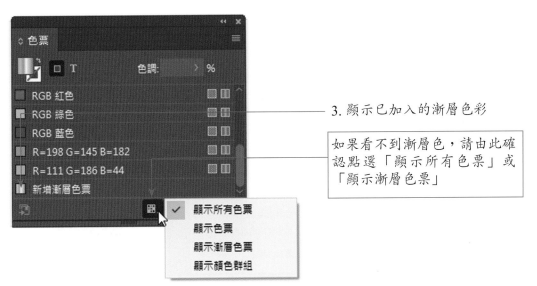

3. 顯示已加入的漸層色彩

如果看不到漸層色，請由此確認點選「顯示所有色票」或「顯示漸層色票」

6-3-4 套用色票於文字或物件框

將色彩儲存在色票面板後,透過 ■ 鈕和 **T** 鈕,即可將色票套用文字框或文字中。

2.點選方框
1.選取文字框
3.點選顏色,顏色就會填入物件框中

4.點選文字鈕
6.文字套用了漸層色
5.選取漸層色彩

6-3-5 建立與使用色調色票

色調色票是指將一個色票顏色打淡成特定的百分比例,而形成另一個新色彩。如果原先的色票有更動顏色,所建立的相關色調也會跟著更動。此處以「RGB 藍色」做示範說明。

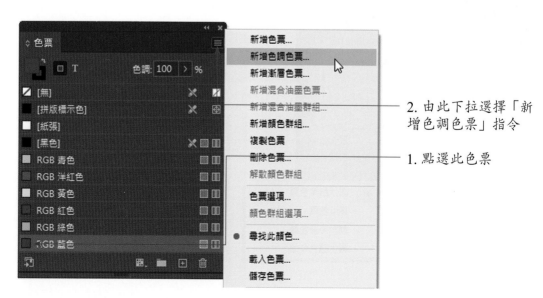

2.由此下拉選擇「新增色調色票」指令

1.點選此色票

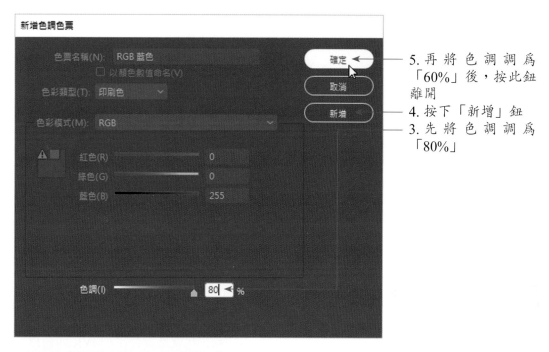

5. 再將色調調為「60%」後，按此鈕離開

4. 按下「新增」鈕

3. 先將色調調為「80%」

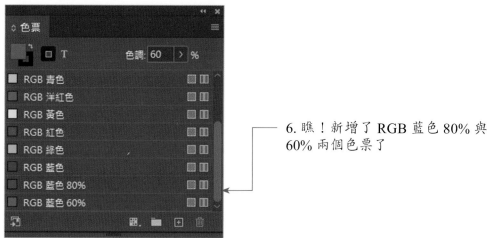

6. 瞧！新增了 RGB 藍色 80% 與 60% 兩個色票了

　　現在請按滑鼠兩下於「RGB 藍色」色票，進入「色票選項」中將藍色替換為紫色，離開視窗後就會看到所屬的色調都一併變更了。如下圖示：

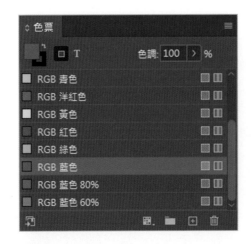

6-3-6 建立與使用特別色色票

在印刷品方面，通常都是透過 CMYK 四色來作印刷輸出，如果四色印刷無法滿足我們對色彩的需求，像是螢光綠、金色等，就可以考慮透過特別色來處理。當決定使用特別色時，印刷廠會單獨調配該色彩，同時獨立做一個印版，也就是說會在 CMYK 四色以外再加印一色，相對地印刷成本就會增加。想要建立特別色的色票，可依照以下的方式進行設定：

1. 下拉選擇「新增色票」指令

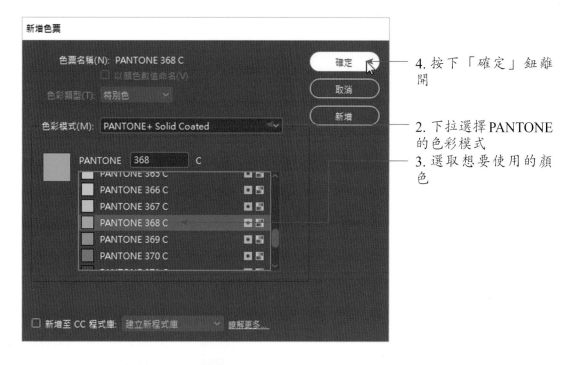

5. 特別色建立完成

6-4 在檔案中找出顏色

　　在 2021 的版本中，InDesign 新增了「在檔案中找出顏色」的功能，設計者可以像編輯文字一樣尋找及替換顏色，讓設計者輕鬆檢查作品，維持印前和視覺上的一致性。

　　在修訂文件時，設計師可利用「編輯／尋找／變更」指令，進入如下的視窗來對文字、物件、顏色、字符等進行全域尋找和取代。此處我們就針對尋找與變更「顏色」來進行示範說明，讓文件中的白色標題文字全部變更為指定的色彩。

1. 開啟此文件，執行「編輯／尋找／變更」指令，使進入下圖視窗

2. 切換到「顏色」標籤

按此鈕依序尋找目標

3. 按此鈕下拉選擇尋找的顏色

5. 按此鈕全部變更

4. 按此鈕下拉選擇要替換的色彩

6. 從對話框後方可看到標題文字已變更顏色，按此鈕確定，並依序離開視窗

在進行顏色取代時，除了可以快速找出單一文件或在 InDesign 開啟的多個文件中的顏色，還可以在「變更顏色」的欄位中新增尚未使用過的新色票。

第七章　路徑繪圖的私房祕技

前面章節裡，我們運用矩形 ▣、橢圓 ◉、多邊形 ⬡ 等幾何繪圖工具來製作框架，事實上在 InDesign 裡也可以利用鋼筆等相關工具來畫出多變的不規則造型，也可以利用鋼筆工具 ✑ 或直線工具」✎ 來畫出各式各樣的線條。而線條或造型繪製後該如何做編修，以及如何透過多個圖形的運算，來達成想要的造型圖案，這個章節將一併跟各位做說明。

7-1 繪圖工具

要繪製圖形，「矩形工具」▣、「橢圓工具」◉、「多邊形工具」⬡、「鉛筆工具」✐、「直線工具」✎、「鋼筆工具」✑ 都算是繪圖工具，不過前四項工具已在第五章介紹過，所以這裡僅針對「直線工具」✎、「鋼筆工具」✑ 兩項工具作探討。

7-1-1 直線工具

「直線工具」✎ 用來繪製直線線段。點選工具後，直接在起始點位置上按下滑鼠並拖曳，至結束點位置放開滑鼠即可產生直線。而透過「線條」面板，則可針對線條的寬度、類型、起點、終點等屬性進行調整，此部分後續會跟各位作探討。

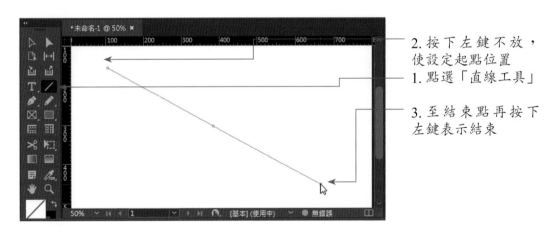

2. 按下左鍵不放，使設定起點位置

1. 點選「直線工具」

3. 至結束點再按下左鍵表示結束

繪製的線條如果需要精確的尺寸，可直接由「控制」面板上設定。如圖示：

由此設定線條長度

7-1-2 鋼筆工具

路徑的繪製主要是利用「鋼筆工具」✑ 來進行，鋼筆工具可以繪製直線或平滑的曲線，其使用技巧如下：

> 直線區段路徑

直線區段路徑就是直線外型的路徑，也就是每一個邊都是直線區段，繪製時只要依序按下滑鼠左鍵，即可產生端點。

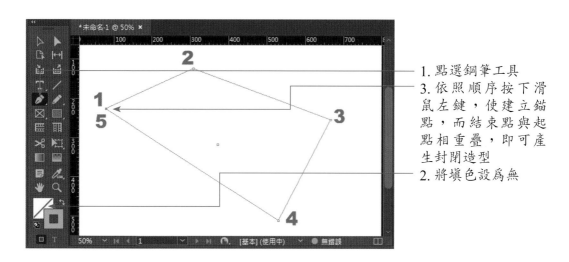

1. 點選鋼筆工具
3. 依照順序按下滑鼠左鍵，使建立錨點，而結束點與起點相重疊，即可產生封閉造型
2. 將填色設為無

如果要繪製開放性的路徑，只要畫完最後的錨點後，加按「Ctrl」鍵並點選路徑以外的區域，即可完成繪製的工作。你也可以在畫完後點選「選取工具」，繪製的路徑就會變成選取狀態，重新點選鋼筆工具就可以繪製新的路徑。

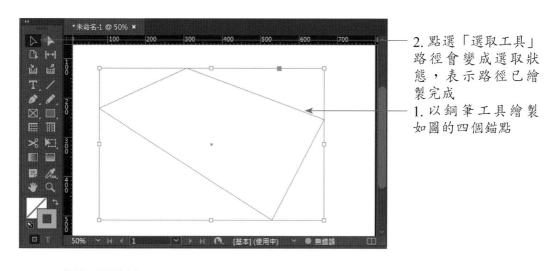

2. 點選「選取工具」路徑會變成選取狀態，表示路徑已繪製完成
1. 以鋼筆工具繪製如圖的四個錨點

> 曲線區段路徑

曲線區段路徑就是具有曲線外型的路徑，同樣地也是使用鋼筆工具來繪製，只不過在按下滑鼠時，要同時做拖曳的動作才能產生曲線。

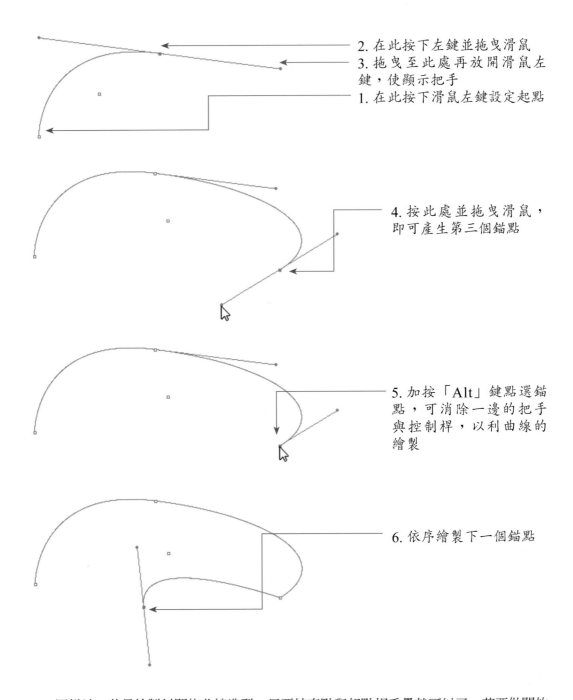

2. 在此按下左鍵並拖曳滑鼠

3. 拖曳至此處再放開滑鼠左鍵，使顯示把手

1. 在此按下滑鼠左鍵設定起點

4. 按此處並拖曳滑鼠，即可產生第三個錨點

5. 加按「Alt」鍵點選錨點，可消除一邊的把手與控制桿，以利曲線的繪製

6. 依序繪製下一個錨點

　　同樣地，若是繪製封閉的曲線造型，只要結束點與起點相重疊就可以了，若要做開放性的路徑，加按「Ctrl」鍵並點選路徑以外的區域，或是點選「選取工具」，就表示路徑已繪製完成。

　　對於第一次使用鋼筆工具的新手而言，看到路徑上的錨點與把手可能不知所措，這裡一併解說一下：

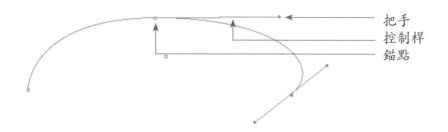

把手
控制桿
錨點

> 錨點：錨點是造型的關鍵位置，每一個線段或曲線，都是透過錨點來標示它的起點與結束點，路徑上會以方點顯示，通常使用者按下滑鼠的位置就是錨點的位置。

> 把手：把手只在曲線上才會顯現，在路徑上是以圓點顯示，用以控制錨點左右兩側的曲線弧度。

7-2 編修路徑外型

　　使用繪圖工具繪製路徑或造型，未必一次就能達到完美的狀態，因此編修路徑也在所難免。這裡將針對路徑編修的工具與技巧作探討，讓各位能夠輕鬆完成所要的路徑或造型。

7-2-1 直接選取工具

　　曲線繪製後若要調整曲線的弧度，只要利用「直接選取工具」 ▶ 選取錨點，就可以看到錨點兩側的把手和控制桿。

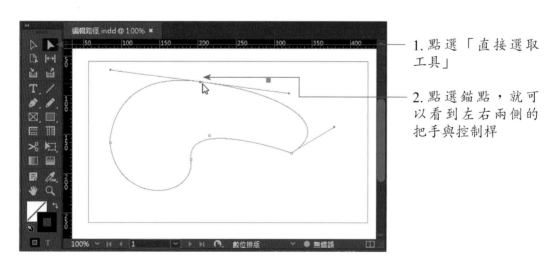

1.點選「直接選取工具」

2.點選錨點，就可以看到左右兩側的把手與控制桿

　　出現錨點和把手後，就可以直接點選錨點來調整位置，或是點選把手來調整左右的曲線弧度。

7-2-2 錨點的新增與刪除

　　繪製的開放路徑或封閉路徑，利用「新增錨點工具」 ![icon] 可以在路徑上增加控制路徑的錨點，若要刪除多餘的錨點，則是選用「刪除錨點工具」 ![icon] 來處理。

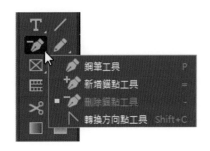

7-2-3 轉換方向點

　　不管原先繪製的路徑是否平滑或尖角，想要將錨點由平滑轉成尖角，或由尖角轉變成平滑，都可以利用「轉換方向點工具」 ![icon] 來達成。以下以直線為各位做示範：

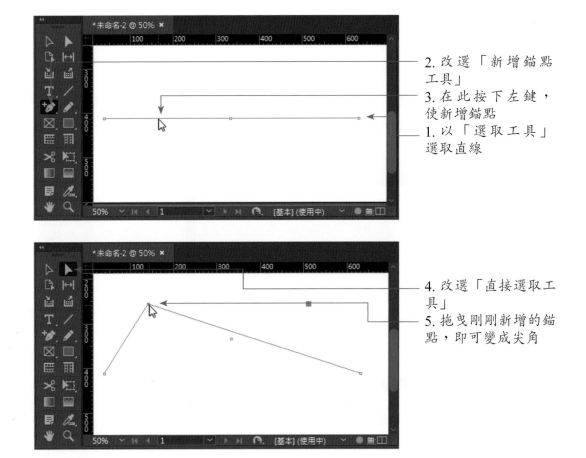

2. 改選「新增錨點工具」

3. 在此按下左鍵，使新增錨點

1. 以「選取工具」選取直線

4. 改選「直接選取工具」

5. 拖曳剛剛新增的錨點，即可變成尖角

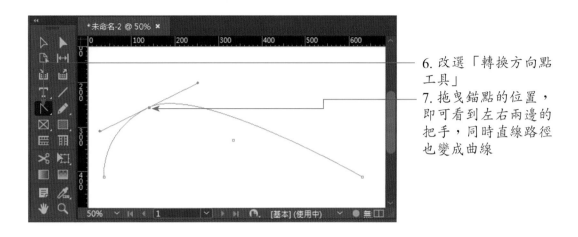

6. 改選「轉換方向點工具」

7. 拖曳錨點的位置，即可看到左右兩邊的把手，同時直線路徑也變成曲線

7-2-4 路徑的連接

路徑繪製到一半卻不小心離開了編輯狀態，如果想要繼續進行路徑的繪製，只要利用「鋼筆工具」點選錨點，即可繼續進行。如圖示：

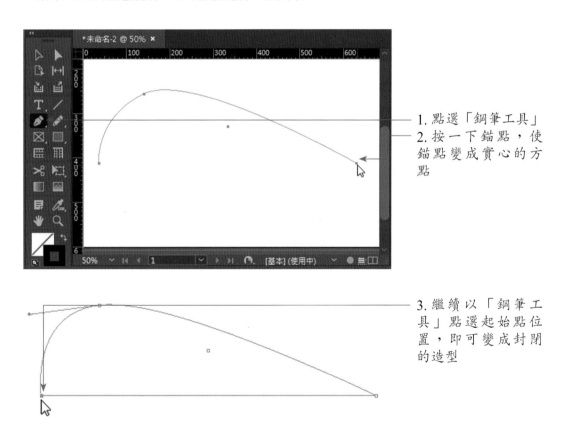

1. 點選「鋼筆工具」

2. 按一下錨點，使錨點變成實心的方點

3. 繼續以「鋼筆工具」點選起始點位置，即可變成封閉的造型

7-2-5 剪刀工具裁切路徑

「剪刀工具」 ✂ 可針對路徑或造型進行切割，切割的位置並不限定於錨點上。

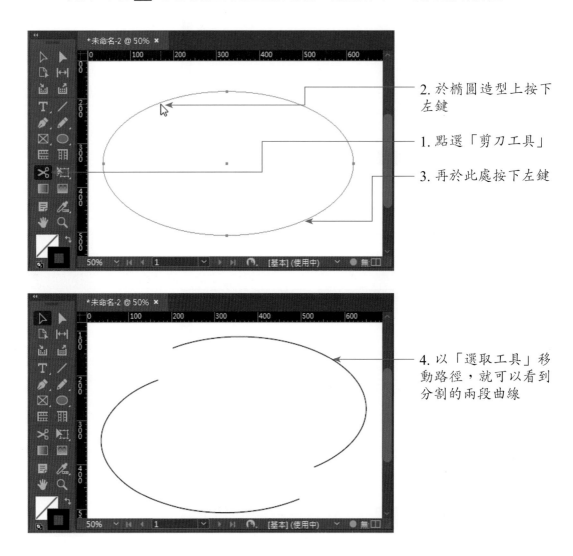

2. 於橢圓造型上按下左鍵

1. 點選「剪刀工具」

3. 再於此處按下左鍵

4. 以「選取工具」移動路徑，就可以看到分割的兩段曲線

7-3 圖形運算與變化

在第五章我們學過矩形、橢圓、多邊形等基本造型的繪製，這些基本型看似件簡單沒有變化，事實上只要稍加用點心思，透過基本型的聯集、交集、差集等設定，也可以變化出各種造型圖案。這一小節將針對 InDesign 的「路徑管理員」作介紹，讓各位了解圖形運算的方式，也體驗一下造型圖案的千變萬化。請執行「視窗 / 物件與版面 / 路徑管理員」指令，使開啟「路徑管理員」面板。

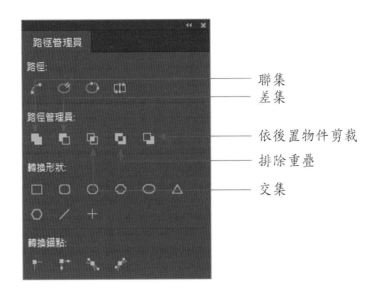

聯集
差集

依後置物件剪裁
排除重疊

交集

7-3-1 聯集運算

所謂的「聯集」是指將數個圖形合併成一個圖形，它會去掉重疊的部分，而將圖形變成單一個物件。各位可以想像「雲朵」造型是由多個橢圓形組合而成，或是「聖誕樹」可由多個三角形組合而成。

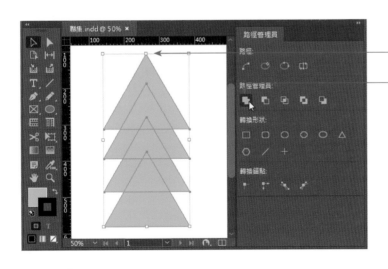

1. 點選四個三角形圖案

2. 按下「聯集」鈕

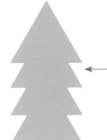

3. 合併成聖誕樹的單一造型，不過會去掉原先設定的線框

7-3-2 差集運算

「差集」是將最後面的物件依最前面物件的形狀減掉，使變成新的造型。這裡示範彎月的製作方式。

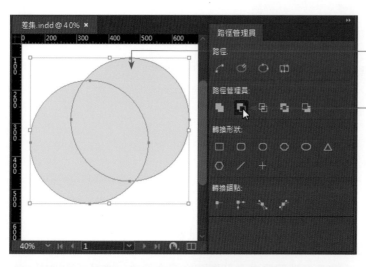

1. 繪製一圓形後，複製並貼上於其右上方

2. 點選二圖形後，按此鈕執行差集運算

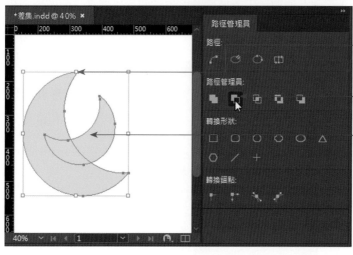

3. 留下左側的彎月形後，執行「複製」、「貼上」指令

5. 選取兩個造型，按下此鈕做差集運算

4. 將複製的造型縮小、旋轉，使置於此處

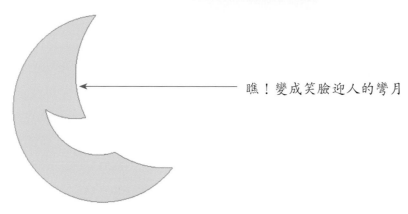

瞧！變成笑臉迎人的彎月

像這樣的彎月造型，運用「差集」的運算就可以很輕鬆地製作完成，若是使用鋼筆工具來製作，速度鐵定比「差集」運算來的慢。

7-3-3 交集運算

「交集」可以保留物件相交的區域。依此概念，利用橢圓形和變形的八邊形，也可以變化出造型娃娃的頭型。

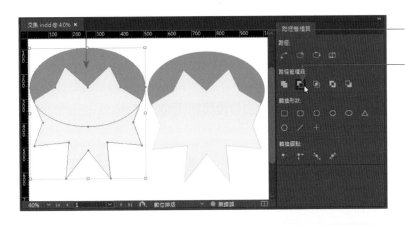

1. 同時選取橢圓形和已變形的八邊形
2. 按此鈕做差集處理，使留下藍色的頭髮

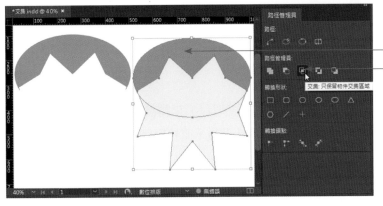

3. 同時點選兩個造型
4. 按此鈕，做交集處理，使留下中間的臉部造型

5. 將兩個運算過的造型放在一起，就變成頭形了

7-3-4 排除重疊運算

「排除重疊運算」■是排除物件重疊的部分。其效果如下：

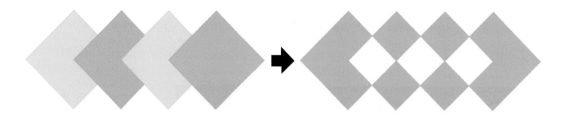

7-3-5 依後置物件剪裁

「依後置物件剪裁」■是以最前面的物件減去最後面物件的形狀。

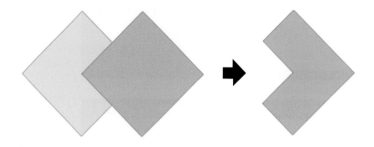

7-3-6 轉換路徑形狀

繪製任何的形狀後，也可以快速運用「路徑管理員」來轉換造型變成矩形、圓角矩形、斜角矩形、反轉圓角矩形等形狀。只要點選造型後，直接點選以下的按鈕就可轉換。

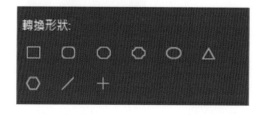

7-4 線條控制面板

對於繪製的路徑、線條或是圖文的框線，想要進一步設定它的線條的粗細、類型、結點，或是接合處的線條位置，都可利用「線條」面板來處理。

7-4-1 線條屬性設定

首先針對線條的寬度、端點形狀、尖角限度、接合形狀、線條位置、類型、起點、終點等屬性作介紹。

➢寬度

設定線條的粗細變化，可由下拉鈕下拉點數，也可以直接輸入數值。

➢端點

提供平端點、圓端點、方端點三種選擇。主要設定路徑端點的形狀與顯示位置。

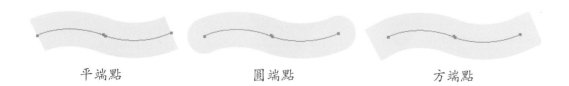

平端點　　　　　　　　圓端點　　　　　　　　方端點

➢尖角限度

當線條接合處是屬於銳角時，可用此來設定角度的尖銳程度。

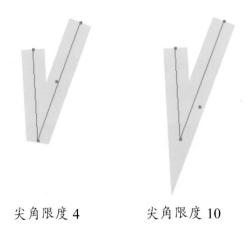

尖角限度 4 　　　　尖角限度 10

➢ 結點

用來設定兩條路徑之間的接合形狀。目前提供尖角、圓角、斜角三種形狀,而其接合效果如下:

尖角　　　　　　圓角　　　　　　斜角

➢ 線條位置

設定線條填色的位置。如下所示,同一個路徑,設定不同的線條位置,顯示的效果就不相同。

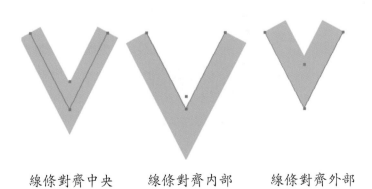

線條對齊中央　　　線條對齊內部　　　線條對齊外部

➢線條類型

提供粗細不同的線條組合、斜線、虛線、波浪線等變化。如圖示：

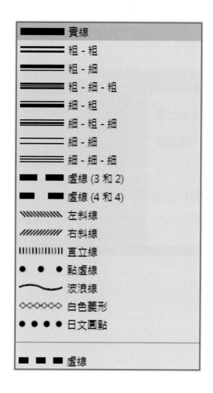

➢線條起點 / 終點樣式

設定線條的起點與終點樣式。如圖示：

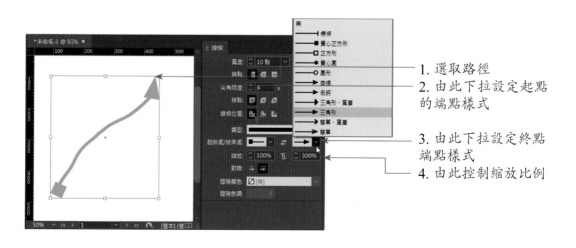

1. 選取路徑
2. 由此下拉設定起點的端點樣式
3. 由此下拉設定終點端點樣式
4. 由此控制縮放比例

7-4-2 線條間隙設定

當各位在「類型」的欄位中選擇虛線、條紋、或圓點等類型的線條時，還可以透過「線條」面板來對「間隔顏色」或「間隔色調」作效果處理，讓線條變得更多樣化。如圖示

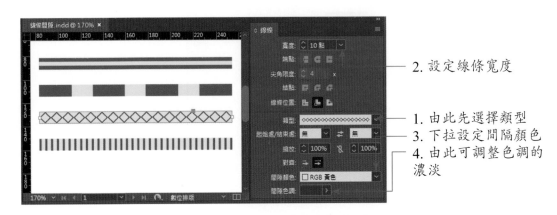

2. 設定線條寬度

1. 由此先選擇類型

3. 下拉設定間隔顏色

4. 由此可調整色調的濃淡

第八章　文字編排的流行創意

在前面章節中我們曾經探討文字加入的各種方式，各位可以直接利用鍵盤鍵入文字，也可以使用快速鍵將文字複製與貼入文字框中。對於特殊字元，諸如：版權、註冊商標、商標等符號，或是連字號、破折號、引號等，則是利用「文字／插入特殊字元」指令來插入。另外，使用「檔案／置入」指令則可以將*.txt、*.doc、*.rtf等文字檔置入到文字框中。

當文字貼入文件後，接下來就是針對文字做編排處理，不管是文字的書寫方向、文字框的上彩、文字溢排或鏈結、內文編輯器、路徑排文等，都會在此章作說明。

8-1 變更書寫方向

在開新檔案時，因為裝訂方式的不同，就會預先設定好文字的書寫方向，如果事後想要變更文字走向，可在文字框選取的狀態下，執行「文字／書寫方向」指令，再由副選單中選擇「水平」或「垂直」。你也可以由「視窗／文字與表格／內文」指令開啟「內文」面板。

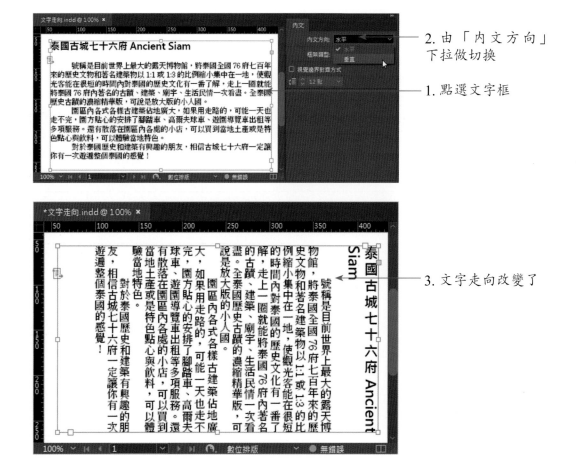

8-2 顯示隱藏字元

對於文章中所鍵入空白、定位點、段落分行等，為了便於排版，InDesign 軟體都會以不同的符號表示，而且也可以將它們顯示出來。執行「文字／顯示隱藏字元」指令，可在文字框中看到如圖的隱藏字元。

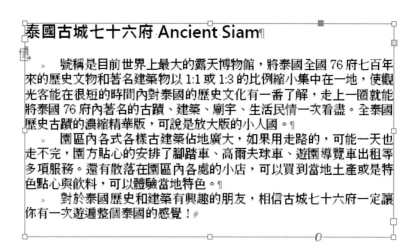

下面將常用的隱形字元、鍵入方式、以及它的顯示符號說明如下：

隱形字元	鍵入方式	顯示符號
分行	Entere 鍵	¶
空白	空白鍵	·
強迫分行	Shift+Enter 鍵	¬
定位點	Tab 鍵	»

8-3 文字框上彩

文字加入至文字框中，可以分別對文字本身、文字框線、文字框本身、或文字框的邊框等四部分進行上彩的設定。

8-3-1 文字填色

要將文字填入色彩，只要將文字選取後，由「工具」面板或「控制」面板上按下「填色」T 鈕，即可選擇文字色彩。

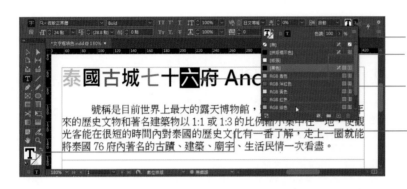

2. 按下「填色」鈕
1. 點選要設定顏色的文字
3. 下拉點選顏色

按此兩下，可進入「檢色器」新設文字顏色

4. 文字顏色設定完成

8-3-2 文字邊框填色

文字本身可加入色彩，文字邊框一樣可以設定顏色，只要將文字選取後，由「工具」面板或「控制」面板上按下「線條」☑ 鈕即可設定文字框線。

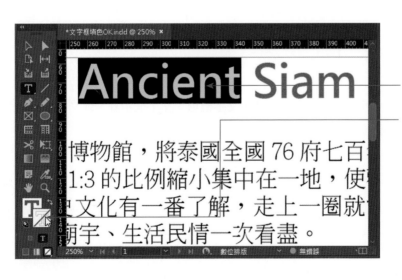

1. 選取要設定邊框色彩的文字
2. 按滑鼠兩下於此鈕

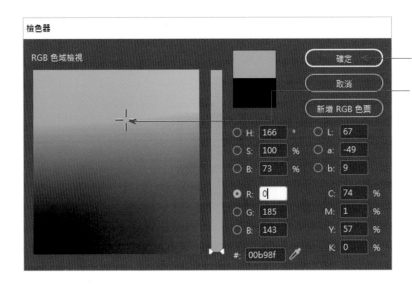

4. 按下「確定」鈕

3. 點選要使用的顏色

5. 紅色文字上加入
了藍色的框線

如果要控制文字的邊框粗細，請利用「線條」面板上的「寬度」來調整。如圖示：

由此控制文字邊框
的寬度

8-3-3 文字框填色

文字框本身也可以作填色處理，就如同為內文字加入底色圖案一般。除了填入單色外，漸層色彩也可以填入文字框中。

1. 點選文字框
2. 直接由「漸層」面板設定漸層顏色

8-3-4 文字框邊框上色

如果希望文字框的邊框有顏色，一樣是透過由「線條」鈕來設定，其設定技巧與文字邊框的填色方式相同。

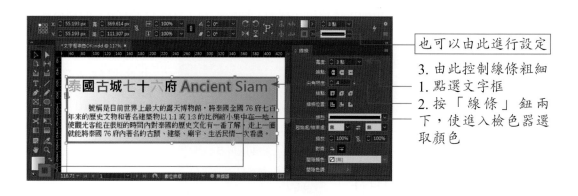

也可以由此進行設定

3. 由此控制線條粗細
1. 點選文字框
2. 按「線條」鈕兩下，使進入檢色器選取顏色

8-4 文字溢排與鏈結

在編排版面時如果文案內容較長，一個文字框無法擺完所有的文字內容，這時可以透過文字鏈結的方式，另外新增文字框來擺放剩餘的文字。這是排版軟體優於其他繪圖軟體的地方，透過這樣的文字流，排版人員可以輕鬆調整圖文位置，而不用害怕文字內容沒有銜接在一起。此處我們針對文字鏈結與溢排作解說。

8-4-1 鏈結文字

在文字框的左右，各位可能注意到一些小方框，這些小方框與位置都有特別的涵義，這裡說明一下：

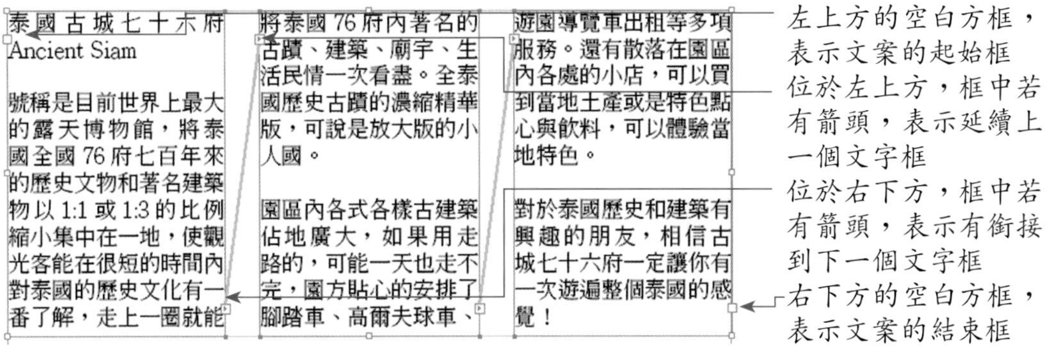

泰國古城七十六府
Ancient Siam

號稱是目前世界上最大的露天博物館，將泰國全國76府七百年來的歷史文物和著名建築物以1:1或1:3的比例縮小集中在一地，使觀光客能在很短的時間內對泰國的歷史文化有一番了解，走上一圈就能

將泰國76府內著名的古蹟、建築、廟宇、生活民情一次看盡。全泰國歷史古蹟的濃縮精華版，可說是放大版的小人國。

園區內各式各樣古建築佔地廣大，如果用走路的，可能一天也走不完，園方貼心的安排了腳踏車、高爾夫球車、

遊園導覽車出租等多項服務。還有散落在園區內各處的小店，可以買到當地土產或是特色點心與飲料，可以體驗當地特色。

對於泰國歷史和建築有興趣的朋友，相信古城七十六府一定讓你有一次遊遍整個泰國的感覺！

左上方的空白方框，表示文案的起始框

位於左上方，框中若有箭頭，表示延續上一個文字框

位於右下方，框中若有箭頭，表示有銜接到下一個文字框

右下方的空白方框，表示文案的結束框

上面顯示的是一個完整的本文框，由三個文字框連結所有的文字內容。透過空白方框的位置可以知道文案的起點與結束點，而方框中的箭頭則表示文字的走向。框與框之間的連接線則是顯示串連的順序，如果各位沒有看到串接的線條，可執行「檢視／其他／顯示串連文字」指令讓其顯示出來。

8-4-2 文字溢排

如果文字內容尚未編排完，就會在文字框的右下角看到 ⊞ 圖示，這是文字溢排符號。如圖示：

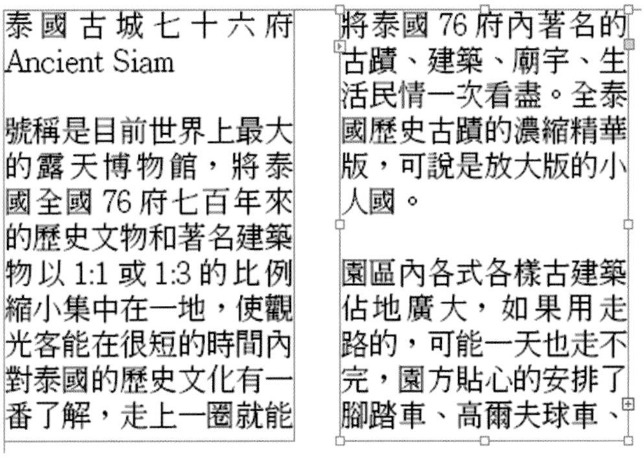

泰國古城七十六府
Ancient Siam

號稱是目前世界上最大的露天博物館，將泰國全國76府七百年來的歷史文物和著名建築物以1:1或1:3的比例縮小集中在一地，使觀光客能在很短的時間內對泰國的歷史文化有一番了解，走上一圈就能

將泰國76府內著名的古蹟、建築、廟宇、生活民情一次看盡。全泰國歷史古蹟的濃縮精華版，可說是放大版的小人國。

園區內各式各樣古建築佔地廣大，如果用走路的，可能一天也走不完，園方貼心的安排了腳踏車、高爾夫球車、

出現此符號時，就必須使用滑鼠按點該圖示，然後再以滑鼠拖曳出另一個文字框來放置文字。

8-4-3 變更文字鏈結

在編排文字框的過程中，萬一需要變更串接的位置，只要利用「選取工具」 ▷ 點選要截斷處的 ▶ 鈕，再按點要加入的圖文框就行了。設定方式如下：

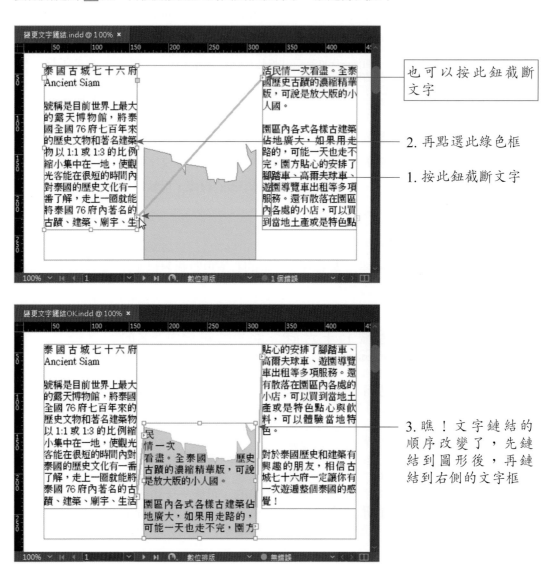

8-5 排文設定

在 InDesign 軟體裡，對於文字流的編排大致可區分為全自動排文、自動排文、半自動排文、手動排文四種，各位可以針對排版的主題來選擇排文的方式。

8-5-1 全自動排文

　　在前面的章節中我們曾經提過，執行「檔案／新增／文件」指令時，如果有勾選「主要文字框」的選項，它會自動在邊界範圍內加入文字連接框，當執行「檔案／置入」指令置入文案時，內文就會自動串接起來，對於長篇文件或書籍的編排相當的好用又快速。

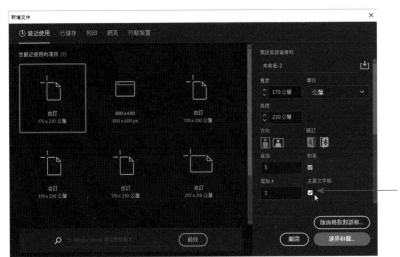

　　　　　　　　　　　　　　　　　　　1. 勾選此項

2.點選文字框後，執行「檔案／置入」指令將文字檔置入，內文就會自動排列直到結束

　　萬一在一開始未勾選「主要文字框」的選項，那麼建立新文件後，也可以透過 ⊞ 鈕和「Shift」鍵來讓文字流全自動排完。以下以「排文設定 .indd」為各位做示範說明。

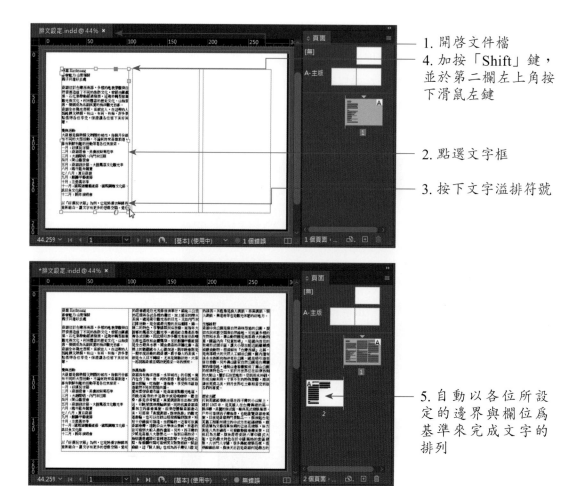

1. 開啓文件檔
4. 加按「Shift」鍵，
   並於第二欄左上角按
   下滑鼠左鍵

2. 點選文字框

3. 按下文字溢排符號

5. 自動以各位所設
   定的邊界與欄位爲
   基準來完成文字的
   排列

8-5-2 自動排文

對於圖多於文的廣告文宣，可以考慮使用自動排文的方式，讓文字流自動排完該頁的版面。

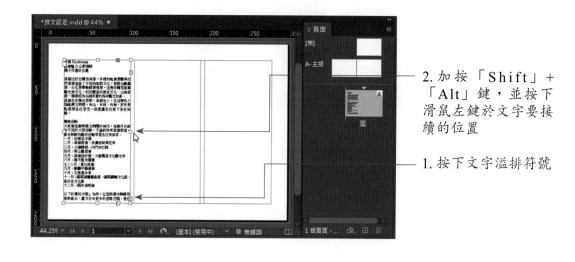

2. 加按「Shift」＋
   「Alt」鍵，並按下
   滑鼠左鍵於文字要接
   續的位置

1. 按下文字溢排符號

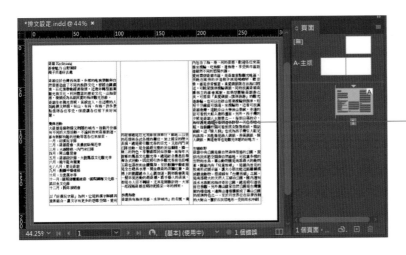

3.瞧！只排完該頁的版面

8-5-3 半自動排文

「半自動排文」基本上是利用「Alt」鍵來控制每次接續文字的起始位置。

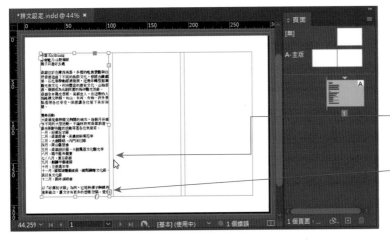

2.加按「Alt」鍵，並按下滑鼠左鍵於文字要接續的位置

1.按下文字溢排符號

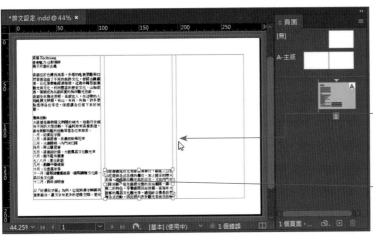

4.繼續加按「Alt」鍵並設定文字要接續的位置，即可完成該欄位的文字框

3.該欄位的文字框已加入

8-5-4 手動排文

前面介紹的全自動排文、自動排文、或半自動排文，只要按一次文字溢排符號 ⊞，就可以透過快速鍵的加按來接續文字，而「手動排文」必須每一次都按下文字溢排符號 ⊞，才可以設定接續文字的位置。

8-6 內文編輯器

編輯長文件時，文字是散布在各個頁面中，如果要進行文字的編修或校對，就得一頁頁的翻閱很不方便。在 InDesign 中，若需要編修文字內容，不妨利用「編輯 / 在內文編輯器中編輯」指令，開啓內文編輯器來作編修。

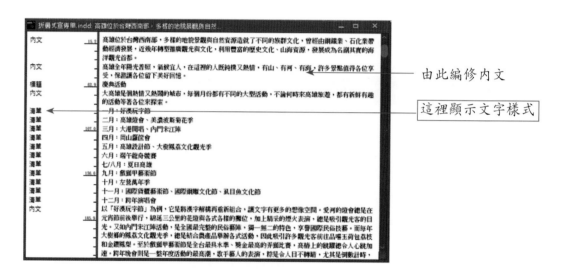

由此編修內文

這裡顯示文字樣式

8-7 格點文字

所謂的「格點文字」是版面上會出現稿紙狀的格點，它可以預設版面裡的行數，以及一行中的字元數目，也可以控制字元空格或行空格，讓文字可以完完全全地放置在格子當中。如圖示：

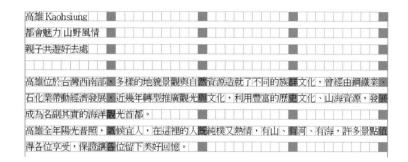

8-7-1 建立版面格點文件

在新增文件時也可以直接建立版面格點文件，只要在「新增文件」視窗中按下「版面格點對話框」的按鈕，即可設定版面格點的相關屬性。

1. 執行「檔案／新增／文件」指令，使顯示此視窗
2. 設定文件的尺寸
3. 設定文件方向與裝訂方式
4. 按下「版面格點對話框」鈕

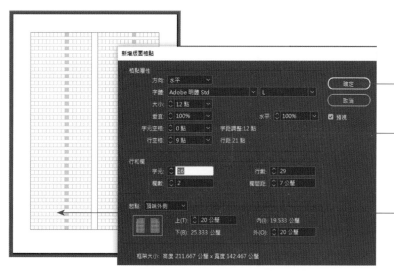

6. 按「確定」鈕離開就完成了

5. 由此調整字元數、行數、欄數、欄間距

由視窗後方可看到調整的效果

8-7-2 讀入格點文字

各位建立版面格點文件後，直接執行「檔案／置入」指令並開啟文字檔，看到滑鼠指標變成文字框的圖示時，按一下左鍵於稿紙的左上角處，即可顯示插入的格點文字框。

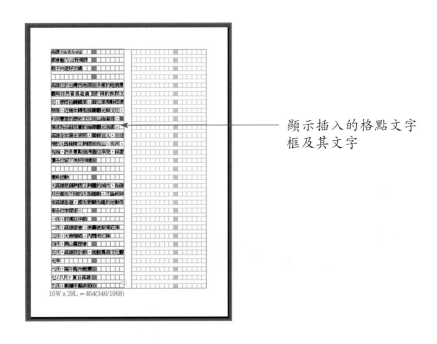

顯示插入的格點文字框及其文字

如果在新增文件時，沒有特別設定版面格點，那麼在未拖曳出文字框的情況下直接執行「檔案／置入」指令，所置入進來的就會變成格點文字框。它會自動以預設的版面格點顯示文件。如圖示：

此狀況易造成版面格點與所設定的邊界不相吻合的情形

8-7-3 修改框架格點選項

　　不管是以哪種方式加入格點文字，如果需要修改框架格點的屬性，只要執行「物件／框架格點選項」指令，即可進入如下視窗做修改。

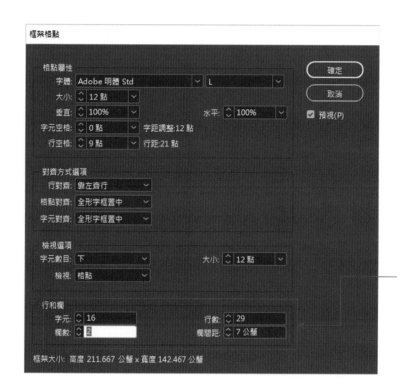

　　　　　　　　　　　　　　　　　　　　　— 由此調整字元數、行數、欄數、欄間距

深入研究：

> 如果想要有效率的控制格點文字的樣式，可以由「視窗／文字與表格／格點樣式」指令開啓「格點樣式」面板來新增格點樣式。

8-8 沿路徑排文

　　想要讓文字沿著指定的路徑來排列，可以選用「路徑文字工具」 ![路徑文字工具圖示] 或「垂直路徑文字工具」 ![垂直路徑文字工具圖示] ，接著在路徑上按下滑鼠左鍵即可輸入或貼入文字。

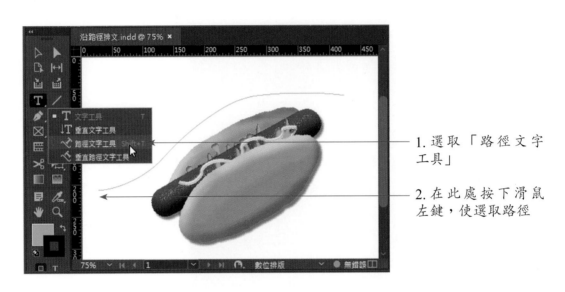

1. 選取「路徑文字工具」

2. 在此處按下滑鼠左鍵，使選取路徑

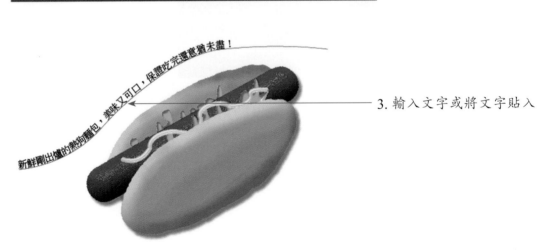

3. 輸入文字或將文字貼入

　　輸入文字後將文字反白，即可透過「控制」面板來變更字體、大小、顏色、對齊方式，或是去除路徑。

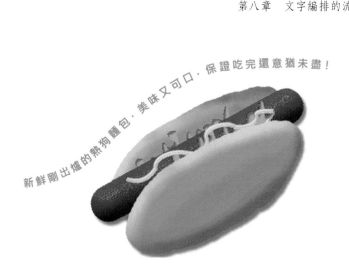

　　沿路徑排文除了應用在開放的路徑，封閉路徑上也可以行的通喔！其設定方式同開放
路徑。如圖示：

8-9 Adobe Fonts 自動啓用

　　當各位在開啓舊有檔案時，最討厭看到的是字體遺失的訊息，特別是在多人共用的電
腦上，因爲每部電腦安裝的字型不盡相同，常常會遇到此窘境。

　　在 InDesign 2021 的版本中，InDesign 新增了「Adobe Fonts 自動啓用」的功能，它會
自動尋找並啓用所有可用的 Adobe Fonts，因此編輯人員再也看不到缺少字體的訊息。一
旦 InDesign 文件內含有遺失的字體，系統會使用 Adobe Fonts 自動在背景加以啓用，不再
顯示「遺失字體」的對話框，而遺失的字體將替換成 Adobe Fonts 中的相符字體。

　　不過此功能在預設狀態是停用的，如果要啓用，請執行「編輯 / 偏好設定 / 檔案處
理」指令，再選取「自動啓動 Adobe Fonts」的選項。

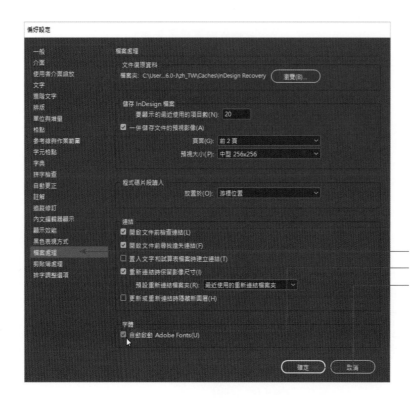

1. 切換到「檔案處理」
2. 勾選此項
3. 按「確定」鈕離開

第九章　段落與字元格式的視覺心法

文字置入文件後，接下來就是將文字或段落選取起來，以便設定字元或段落的格式，因此這一個章節將針對此部分作探討。

9-1 選取文字

要設定文字的格式首先就是要選取文字。利用「選取工具」 ▶ 可以選取文字框，而要設定字元或段落的格式，則必須先切換到「文字工具」 **T**，同時將文字選取起來，這樣才能夠從「字元」面板、「段落」面板、或「控制」面板來設定文字格式。

要選取文字，除了利用滑鼠拖曳的方式來反白文字外，也可以透過以下的方式來選取文字。

慶典活動

大高雄是個熱情又熱鬧的城市，每個月份都有不同的大型活動，不論何時來高雄旅遊，都有新鮮有趣的活動等著各位來探索。 ← 按滑鼠兩下可選取一個句子

慶典活動

大高雄是個熱情又熱鬧的城市，每個月份都有不同的大型活動，不論何時來高雄旅遊，都有新鮮有趣的活動等著各位來探索。 ← 按滑鼠三下可選取一行文字

慶典活動

大高雄是個熱情又熱鬧的城市，每個月份都有不同的大型活動，不論何時來高雄旅遊，都有新鮮有趣的活動等著各位來探索。 ← 按滑鼠四下可選取一個段落

9-2 字元格式設定

把需要設定格式的文字區域選取起來後，就可以透過控制「控制」面板、「字元」面板來設定字元格式。另外一些較特別的字元格式，諸如：直排內橫排、旁注、注音、著重號等，這裡也一併探討。

9-2-1 控制面板 - 字元格式

「控制」面板位在功能表下方，它包含字元格式和段落格式的設定，而二者則是利用 字 和 段 二鈕做切換。字元格式的設定內容如下：

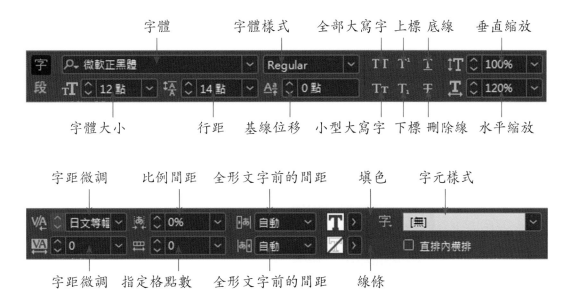

9-2-2 字元面板

字元面板提供的格式設定大致上在「控制」面板都可看得到。比較特別的是「字元旋轉」⊤ ，它可以讓個別字元做任意角度的旋轉，而「傾斜」𝑇 則是讓字元傾斜成某一角度。

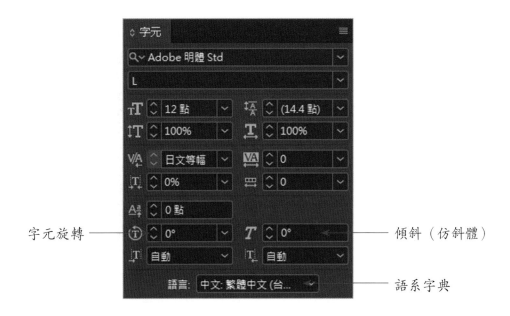

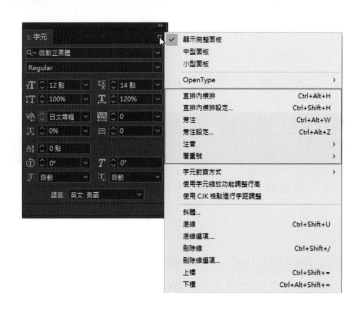

慶典活動　　慶典活動

　旋轉 45 度　　　　　傾斜 30 度

9-2-3 特殊字元 - 直排內橫排 / 旁注 / 注音 / 著重點

　　對於一般的文字設定，直接由「字元」面板即可設定，而一些特殊的字元則是由面板右上角的 ▤ 去做選擇：

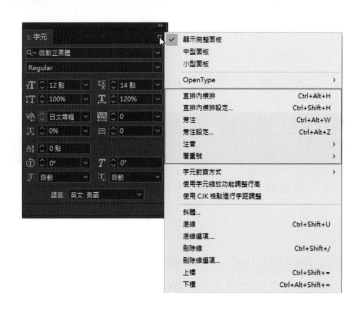

➢ 直排內橫排

　　「直排內橫排」可以將垂直文字中的英文字、數字、或半形的字元旋轉方向，以利閱讀。如下圖所示：

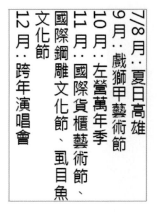

　　文字直排時數字的效果　　　　利用「直排內橫排」後所顯現的效果

　　設定「直排內橫排」的效果後，如需調整文字上下或左右的偏移值，可由面板右上角的  下拉選擇「直排內橫排設定」指令。

> ➢ 旁注

「旁注」可做為內文的註解，它會將文字轉為縮小。如圖示：

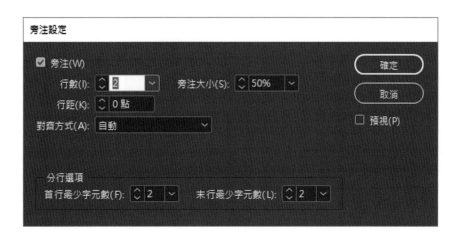

「旁注」所呈現的結果

　　若由 ■ 下拉選擇「旁注設定」指令，可針對行數、字體大小、行距、對齊方式等屬性進行設定。

➤注音

「注音」功能會在文字上方或下方加入注音符號，由 ▤ 下拉選擇「注音／注音」指令，可針對注音的置入方式、字體大小、字串長度、顏色等屬性作調整。

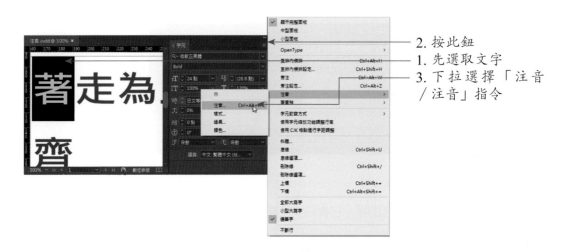

2. 按此鈕
1. 先選取文字
3. 下拉選擇「注音／注音」指令

4. 運用空白鍵，依序加入注音符號
5. 將類型設為「群組注音」
6. 選擇注音放置的位置

7. 切換到「注音的字體與大小」的類別
8. 選擇注音的字體

11.按「確定」鈕離開

9.切換到「注音顏色」的類別

10.選擇顏色

12.注音標示完成

13.同上方式設定注音標示

➢ 著重點

「著重點」可在文字上方加入黑色或白色的小點、圓形、三角形、魚眼等圖示，作為強調之用。由 ▤ 下拉「著重點／顏色」，還可設定標示的色彩。如下圖示：

黑色小點
黑色三角形
魚眼
白色圓形

9-3 段落格式設定

段落格式的設定主要是透過「控制」面板與「段落」面板來處理。設定段落格式並不需要將整個段落選取起來，只要文字輸入點放在該段落上即可設定。

9-3-1 控制面板——段落格式

在「控制」面板按下 段 鈕，可針對段落的格式做設定。

對齊方式設定　　左邊縮排　　右邊縮排　強制行數　　與前段間距　　　與後段間距

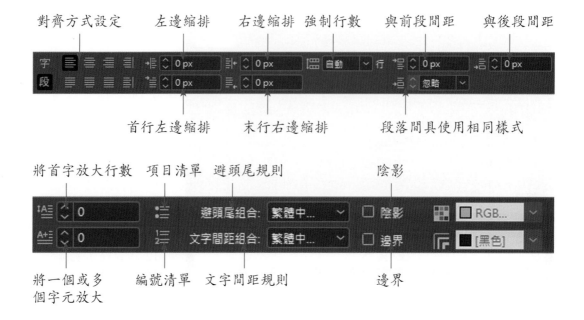

首行左邊縮排　　末行右邊縮排　　　段落間具使用相同樣式

將首字放大行數　項目清單　避頭尾規則　　　　　　陰影

將一個或多　　編號清單　文字間距規則　　　邊界
個字元放大

9-3-2 段落面板

執行「視窗／文字與表格／段落」指令，可開啟「段落」面板，其所提供的功能鈕，皆可在「控制」面板中看到。

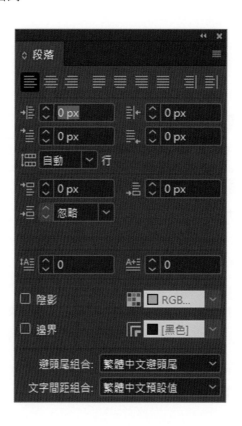

9-3-3 項目符號與編號

項目符號與編號多用在清單的設計上，可讓文件看起來條理分明。簡單的項目符號或編號可直接利用「控制」面板上的 🔲 與 🔲 鈕來設定，如果需要比較特別的項目符號或編號樣式，則必須透過「樣式」面板來設定。

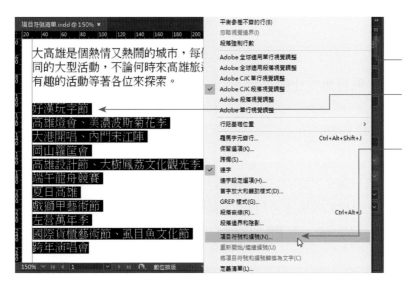

2. 開啟「段落」面板按下此鈕

1. 選取要加入編號清單或項目符號的文字範圍

3. 執行「項目符號和編號」指令

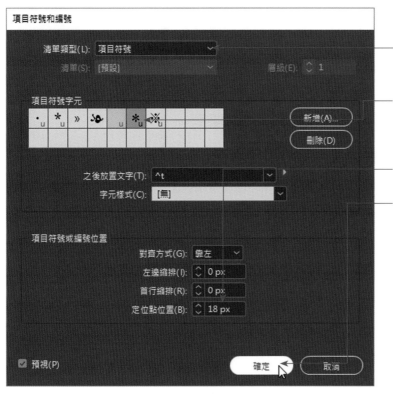

4. 由此下拉選擇清單類型，在此以「項目符號」做示範

5. 選擇項目符號的字元

6. 設定定位點位置

7. 按下「確定」鈕離開

```
＊ 好漢玩字節
＊ 高雄燈會、美濃波斯菊花季
＊ 大港開唱、內門宋江陣
＊ 岡山籮筐會 ————————————— 8. 完成項目符號的加入
＊ 高雄設計節、大樹鳳荔文化觀光季
＊ 端午龍舟競賽
＊ 夏日高雄
＊ 戲獅甲藝術節
＊ 左營萬年季
＊ 國際貨櫃藝術節、虱目魚文化節
＊ 跨年演唱會
```

9-3-4 段落首行跨行大寫

　　各位一定看過，段落的第一個文字特別的加大顯示，甚至跨越多行文字，好讓閱讀者將視覺焦點放置在該段落上。這樣的效果透過「控制」面板或「段落」面板也可以做得到，面板上的 鈕能控制首字放大的行數，而 則是控制放大的字元數目。

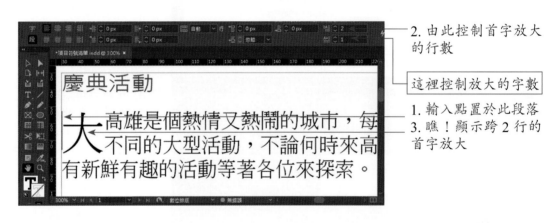

2. 由此控制首字放大的行數

這裡控制放大的字數

1. 輸入點置於此段落
3. 瞧！顯示跨 2 行的首字放大

　　若需要設定放大文字對齊的位置或是字元的樣式，可以由「段落」面板的 下拉選擇「首字放大和輔助樣式」指令。

9-3-5 段落間距設定

　　段落間距是指段落與段落之間的距離，各位可以由 鈕控制與前一段的距離，而 鈕來控制與後一段的距離。

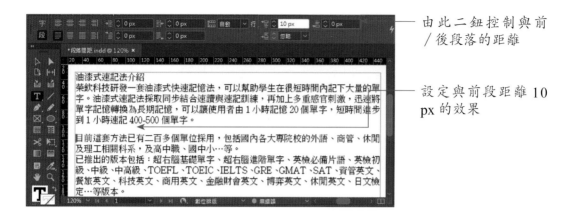

由此二鈕控制與前
／後段落的距離

設定與前段距離 10
px 的效果

9-3-6 段落嵌線

當段落與段落之間有一定的距離時，可以在段落之間加入嵌線，使作出分隔的效果。
要設定嵌線的效果必須由「段落」面板的 下拉選擇「段落嵌線」指令，嵌線分為「上
線」與「下線」兩種，可以分別設定其效果，或是則一設定。設定方式如下：

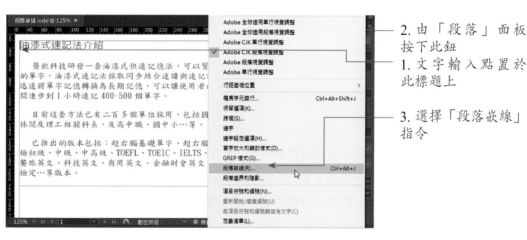

2. 由「段落」面板
按下此鈕

1. 文字輸入點置於
此標題上

3. 選擇「段落嵌線」
指令

4. 下拉選擇「上
線」，並勾選「開啟
段落嵌線」的選項

5. 設定上線的寬
度、類型、與顏色

6. 寬度設為「文字」

7. 下拉切換到「下線」，並勾選「開啟段落嵌線」

8. 設定下線的寬度、類型、與顏色

9. 寬度設為「欄」

10. 設定偏移值

11. 按下「確定」鈕離開

油漆式速記法介紹

榮欽科技研發一套油漆式快速記憶法，可以幫助學生在很短時間內記下大量的單字。油漆式速記法採取同步結合速讀與速記訓練，再加上多重感官刺激，迅速將單字記憶轉換為長期記憶，可以讓使用者由 1 小時記憶 20 個單字，短時間進步到 1 小時速記 400-500 個單字。

12. 顯示雙嵌線的效果

9-4 設定複合字體

在編排的文件中，經常文字中會夾雜著英文、數字或符號，如果彼此之間的粗細或比例差距過大，就會讓人覺得不協調。有鑑於此，InDesign 提供了「複合字體」的功能，可讓排版人員一次將中 / 英文、數字、符號等整合成一種新字體，除了可以快速選用外，也讓段落文字呈現最好的組合效果。要建立複合字體，請執行「文字 / 複合字體」指令，然後依照下面的步驟進行設定：

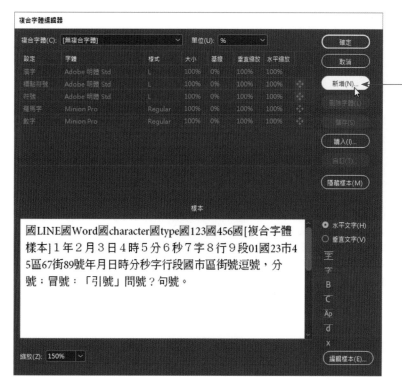

— 1. 按下「新增」鈕

— 2. 輸入自定的名稱
— 3. 按下「確定」鈕

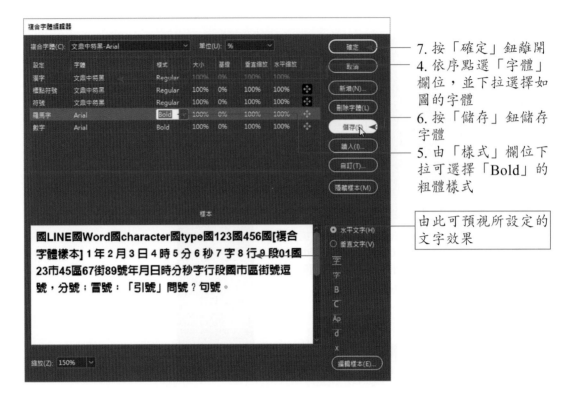

7. 按「確定」鈕離開

4. 依序點選「字體」欄位，並下拉選擇如圖的字體

6. 按「儲存」鈕儲存字體

5. 由「樣式」欄位下拉可選擇「Bold」的粗體樣式

由此可預視所設定的文字效果

　　在此編輯器中，使用的單位可為「%」或「點」，漢字為中文字所套用的字形，符號是指特殊符號所用的字型，羅馬字則為英文字所套用的字型。如果有其他 InDesign 檔案中的複合字體，也可以透過「讀入」鈕讀入。

　　依此方式完成複合字體的設定後，即可在「字體」的清單中看到複合字體了。

1. 由此下拉選擇字體樣式

2. 自訂的複合字體顯示在此

第十章　圖像編輯的超完美設計

排版文件時圖像的置入必定少不了，因此這一章節將針對圖像的置入方式、編輯技巧、與管理方法做說明，讓各位對圖像的使用更上一層樓。

10-1 置入圖像

圖形要插入到文件中，必須針對文件的目的來選擇適合的圖檔格式，以「列印」文件來說，通常圖檔都必須轉成 CMYK 模式的 TIFF 檔，另外版型方面可以考慮使用 PSD 的格式，因為它包含了所有圖層，方便各位做修改。如果是數位排版或網頁，則大多選用 PNG 和 JPG 格式，其他像是 EPS、BMP、PICT、PCX 等格式，事實上也都可以置入到 InDesign 中做編排。至於圖檔置入到文件的方法，這裡提供以下幾項供各位做參考。

10-1-1 檔案置入

使用「檔案 / 置入」指令插入圖檔是各位最熟悉的方式。不過在置入圖檔時，有些小細節會影響到版面的編排與修改的速度，因此這裡一併做說明。

➢ 以圖片編排為主的文件，如果已分割好一個個的圖框，可點選圖框後再執行「檔案 / 置入」指令。（如第三章介紹的方式）

先點選圖框再執行「檔案 / 置入」指令

➢ 沒有選定圖文框，也可以直接執行「檔案 / 置入」指令，圖檔置入後可利用繞圖排文的功能設定圖文的排列。這種方式較隨意，可天馬行空地編排圖文，創意不受限制。

攝錄影技巧報給你知

　　前面一路談下來，對於視訊剪輯的流程與構思，相信各位已經有一定的了解，接下來再和各位談談攝錄影的一些基本技巧，期望大家都能拍攝出不錯且不會晃動得讓人頭暈的素材。

拍好影片的基本功夫

　　拍好影片的基本功夫就是「拿穩」你的攝影器材。腳架是支撐攝影機的最佳輔助工具，因為腳架可以伸縮長度，又可以上下左右的轉動，方便拍攝者作鏡頭遠近的變換。但是練就一身「穩定」功夫也是必要的，它能在臨危時刻幫助各位快速抓取重要的鏡頭畫面。

　　要拿穩鏡頭的基本姿勢就是雙腳與肩同寬，以手肘抵住兩脅作為支撐，雙手拿著攝影機拍攝，雙眼張開注視著 LCD 螢幕，這樣就可以保持攝影機的平穩。您也可以暫時停止呼吸，以憋氣的方式來進行短時間的拍攝。

叮嚀小語

　　畫面不會搖晃的秘訣就是不可以單手持攝錄影機，這是拍好作品的第一要件。

善用周邊輔助工具

　　除了拿穩您的拍攝器材外，善用周邊的輔助工具，也可以讓各位拍起來很輕鬆。譬如：在室內拍攝時，可利用椅背或是桌沿來支撐雙肘；如果是在戶外拍攝，那麼矮牆、大石頭、欄杆、車門…等，就變成各位最佳的支撐物。

vs031vs030

＜善用周邊的輔助工具，可讓雙肘有所依靠＞

不點選圖文框，直接置入圖片後做繞圖排文的效果

➤ 如果是書籍或論文之類的排版文件，那麼建議先點選文字框，將輸入點放在欲插入圖片的位置，再執行「檔案 / 置入」指令。

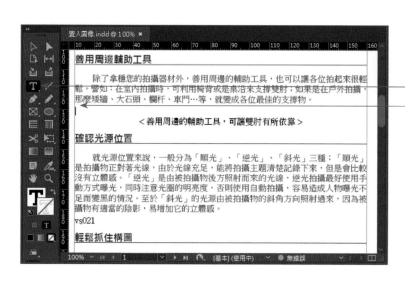

1. 點選「文字工具」
2. 將文字輸入點放置在圖片要插入的位置，然後執行「檔案 / 置入」指令

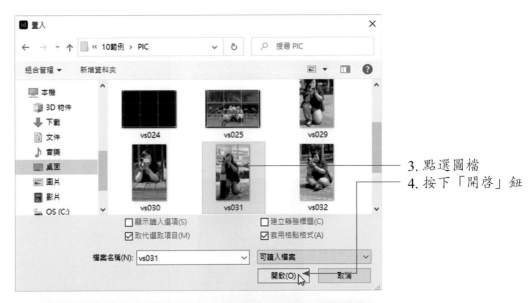

3. 點選圖檔

4. 按下「開啟」鈕

6. 由此輸入圖片的尺寸或百分比數

5. 點選圖片

7. 圖片已插入至文字框中

8. 加按5個空白鍵，使圖片之間有間隔

9. 執行「檔案／置入」指令，繼續插入「VS030.tif」圖檔，同樣設定為「50 mm」的寬度

11.由此可設定為置中對齊

10.輸入點放在圖片的段落上

各位可能很好奇，為何要將圖片插入到文字框中？事實上當圖片插入文字框中，一旦文字做了增刪，圖片會跟著文字的位置做調動。如圖示：

1.以「文字」工具選取此段文字，按下「Delete」鍵使之刪除

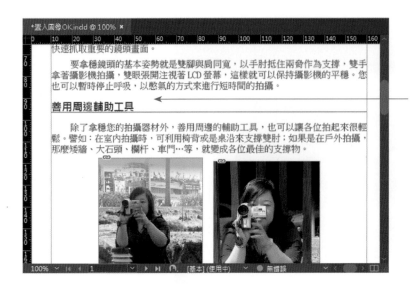

2.瞧！後方文字與圖片會自動上移，就不需要——調整圖片的位置

10-1-2 複製／貼上

編排的文字框中已有的插圖，可利用「Ctrl」+「C」鍵複製圖形，而「Ctrl」+「V」鍵再將圖形插入文字框中。

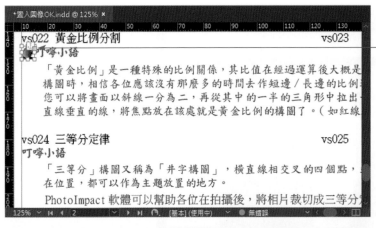

1.先使用「檔案／置入」指令在文字前插入此插圖，然後點選圖片，「Ctrl」+「C」鍵複製圖形

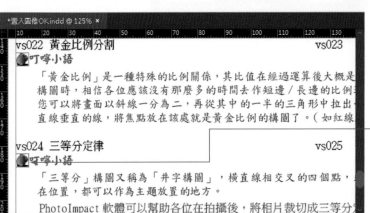

2.輸入點放在此文字之前，按「Ctrl」+「V」鍵貼入圖形

　　如果是在其他應用程式中利用「Ctrl」+「C」鍵複製圖形，再到 InDesign 中執行「Ctrl」+「V」鍵貼入圖形，則貼入的圖形是以「嵌入」的方式顯示在文件中，不像執行「檔案 /置入」指令是以「連結」的方式連結圖檔，印刷出版的文件較不建議使用「嵌入」的方式。

圖片上顯示此圖示，表示　　　　　圖片上顯示此圖示，表示是以
是以嵌入的方式貼入　　　　　　　連結的方式連結圖檔

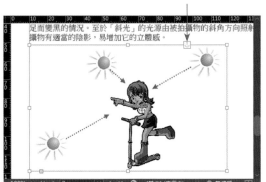

10-2 編輯圖像

　　當圖像置入圖形框、文字框或文件中，接下來就是要來編輯圖像。通常置入文件中的圖像，或是置入文字框中的圖像，利用「Ctrl」+「Shift」鍵可做等比例的縮放，也可以使用「控制」面板上的 ➡ 與 ⬇ 鈕來控制縮放的百分比例，或是直接輸入確切的數值，再加入丈量的單位，如：mm（公釐）、cm（公分）等。如圖示：

由此設定百分比例或精確數值與單位

強制縮放等比例

　　如果圖形是置入圖形框中，那麼選擇性就變多了，各位可以針對圖形框架做調整，也可以針對框架內的圖像做調整，或是調整二者之間的符合設定。此一小節將針對這些編輯技巧做探討。

10-2-1 選取圖形框架或框中圖像

當圖檔置入圖形框後，初學者可能會因為選取的是圖形框或框中圖像而搞不清楚。其實只要記住，利用「選取工具」 選取的是圖形框，而使用「直接選取工具」 選取的則是框中圖像。

選取工具選取的是圖形框　　　　　直接選取工具選取的是框中圖像

在第三章我們介紹使用「控制」面板來做切換，只要該按鈕呈現灰色，就代表它目前的狀態。如下圖所示，選取物件框呈現灰色，表示目前正選取物件框，而按下「選取內容」鈕就可以改選取框中的圖像。

選取物件框

選取內容

10-2-2 移動框中圖像

以「直接選取工具」 選取框中圖像後，接下來可以利用滑鼠來移動圖像位置，讓圖像重點可以完整的呈現在圖形框中。

1. 點選「直接選取
工具」

2. 以滑鼠拖曳圖片
位置，圖片位置就
變更了，把最好的
構圖顯示在圖框中

10-2-3 圖像裁切

　　圖形框中的圖像經過位置的調整後，如果發現在構圖上需要作剪裁，可以直接對圖形框來做處理。

1. 點選「選取工具」

2. 選取圖片後，由
此往上拖曳

3. 下方被剪裁掉了

10-2-4 同時縮放圖形框與圖像大小

圖像置入圖形框之後,如果要同時縮放圖形框與圖像的比例,一樣是利用「Ctrl」+「Shift」鍵來做等比縮放。也可以透過「控制」面板的 → 與 ↓ 來控制縮放的百分比例或確切的數值與單位。

可下拉選擇百分比,或是直接輸入百分比值

10-2-5 變更圖形框轉角

四四方方的圖形框架如果覺得單調,可以針對它的轉角做造型變更,這裡利用「控制面板」來做說明。

2. 由此下拉選擇轉角的樣式

1. 以「選取工具」選取圖形框

3. 由此變更角度的大小

4. 完成轉角效果的變更

如果需要將圖片的四個轉角都設定為不同的造型，可加按「Alt」鍵於 ▦ 鈕上，即可在如下的視窗中做設定。

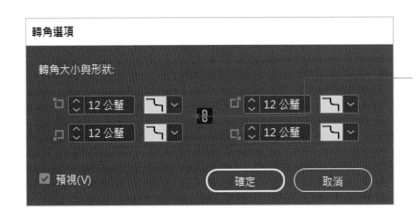

先取消此處的連結狀態，即可設定四個不同的轉角形狀或大小

10-2-6 圖形框與圖像間的符合設定

在「屬性」面板上，還有幾個按鈕可以控制圖形框與圖像之間的關係，各位可以善加利用。

等比例符合內容　使內容符合框架大小

等比例填滿框架　　使框架符合內容大小

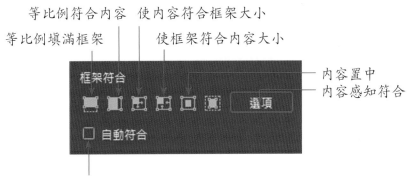

內容置中
內容感知符合

勾選此項，內容大小隨框架重新調整

10-2-7 剪裁路徑

前面小節介紹的內容，都是針對圖形框來做說明，事實上，對於路徑工具所繪製的路徑，也都可以當作圖形框來處理，編輯技巧與圖形框完全相同。

1. 先以「鋼筆工具」繪製如圖的攝影機路徑

2. 執行「檔案／置入」指令，即可置入圖像

如果自行繪製路徑覺得太麻煩，InDesign 也有提供一項「剪裁路徑」的功能，可以幫助各位快速取得路徑。不過，置入的圖形必須是不包含背景的 PSD 格式，並且利用路徑或色版做去背處理的圖形，即可利用以下的方式進行剪裁路徑。

1. 執行「檔案／置入」指令，使置入「攝影機.psd」圖檔（也可以直接開啟「剪裁路徑.indd」文件檔）

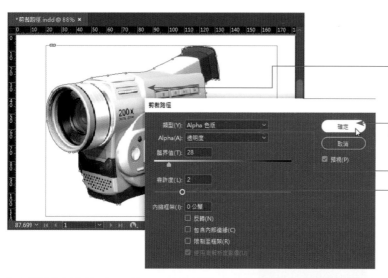

2. 點選圖片後，執行「物件／剪裁路徑／選項」指令使進入此視窗

5. 按下「確定」鈕離開

3. 下拉設定類型

4. 依據畫面調整臨界值，可由視窗之後預視畫面效果

6. 執行「物件／剪裁路徑／轉換剪裁路徑為框架」指令所顯現的路徑

7. 執行「檔案／置入」指令，即可匯入圖像

10-3 以連結面板管理圖像

前面提到，執行「檔案／置入」指令是以「連結」的方式連結圖檔到文件，所以要查看文件中圖檔的相關資訊，可以透過「連結」面板來了解。

10-3-1 連結面板

請執行「視窗／連結」指令使開啟「連結」面板，我們先來了解面板上提供了哪些資訊。

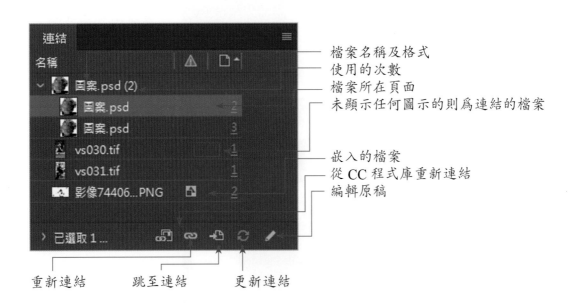

10-3-2 更新檔案連結

面板上的 ⚠ 欄位主要是顯示檔案的狀態。如果看到 ？ 圖示，表示檔案已經遺失，不在原先的資料夾中，因此輸出前必須將圖檔補入，或是按下「重新連結」 🔗 鈕重新連結檔案。若是面板上顯示 ⚠ 圖示，表示圖檔有做修改，可按滑鼠兩下於圖示上，以便更新檔案。

10-3-3 顯示檔案位置

在文件中點選圖片時，「連結」面板也會自動將該圖檔選取。因此可以從面板上知道圖檔的檔名、格式、及所在的頁面。

1. 點選文件上的圖片
2. 「連結」面板也自動選取該圖檔

　　如果從「連結」面板上點選圖檔，想要到文件中編輯該圖，可以按下面板下方的 鈕使跳到連結。如圖示：

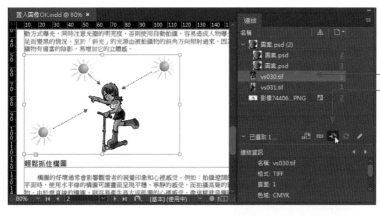

1. 點選圖檔名稱
2. 按此鈕跳到連結

3. 跳到該頁面並選取該圖檔了

10-3-4 嵌入檔案

連結的檔案若需要變更爲嵌入的方式，可按滑鼠右鍵於檔名上，再執行「嵌入連結」的指令就行了。

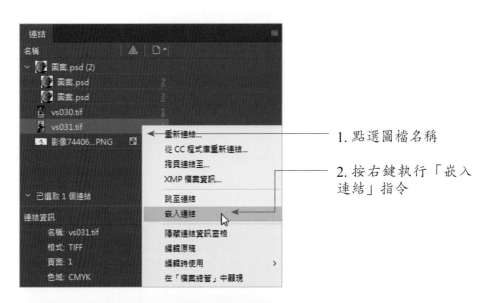

1. 點選圖檔名稱

2. 按右鍵執行「嵌入連結」指令

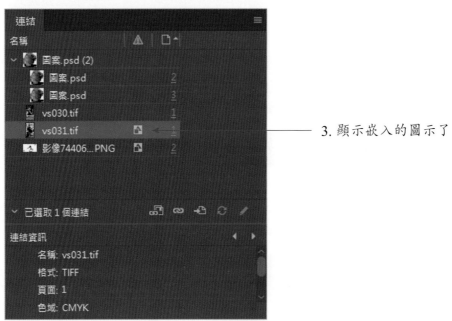

3. 顯示嵌入的圖示了

第十一章　物件管理與變形技法一次搞定

在文件中,每個圖形框、圖像、文字框、色塊、或線條,都可算是一個「物件」。當文件中的物件越來越多時,管理物件就顯得格外重要,善用管理的功能可以讓排版工作進行得更順利。因此這一章節將針對圖層功能、對齊、均分等功能做介紹,同時介紹物件變形的相關功能,善用管理與變形的功能,讓物件快速呈現您需要的效果。

11-1 圖層面板

使用過 Photoshop 軟體的人,相信對「圖層」功能並不陌生,如果各位是第一次接觸「圖層」,那麼請執行「視窗 / 圖層」功能,即可看到如下的「圖層」面板。

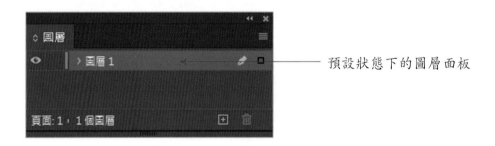

—— 預設狀態下的圖層面板

如果各位沒有針對圖層進行設定或管理,那麼文件中所加入的物件就會自動顯示在「圖層 1」中。如果有對圖層進行管理,那麼可將文件中的物件類型進行分類放置,如下圖所示:(來源檔案:名片設計 .indd)

—— 「名片設計」的檔案中,將圖片、文字、色塊分門別類放置

圖層中所屬的物件

不同圖層自動會以不同顏色呈現

利用圖層名稱前的三角形鈕,可對圖層進行開合。當點選文件上的物件時,圖層面板也會自動顯示該物件所在的位置。

2. 自動顯示所在的圖層

紅點顯現物件所在位置

1. 點選文件上的物件

11-1-1 指定工作圖層

想要針對某一圖層新增物件，可按滑鼠左鍵於該圖層上，那麼之後加入的物件就會歸類在該圖層中。

出現筆形，就表示目前在此圖層上

11-1-2 顯示 / 隱藏圖層

文件中的物件太多時，可以將某些圖層先隱藏起來，請按下 👁 鈕使眼睛消失。各位可針對整個圖層，或是圖層下的某個物件做隱藏，而圖層前方有 👁 圖示就表示目前物件在顯示狀態。

顯示狀態
整個圖層中的物件都被隱藏
只隱藏該圖層中的某個物件

11-1-3 建立新圖層

想要新增圖層，由「圖層」面板下方按下 會新增一個圖層，而按滑鼠兩下於圖層名稱上，將會進入「圖層選項」的視窗，可針對圖層名稱或顏色進行設定。

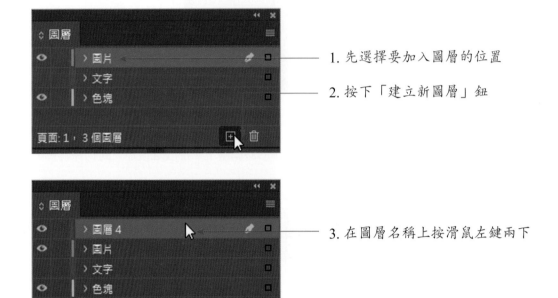

1. 先選擇要加入圖層的位置

2. 按下「建立新圖層」鈕

3. 在圖層名稱上按滑鼠左鍵兩下

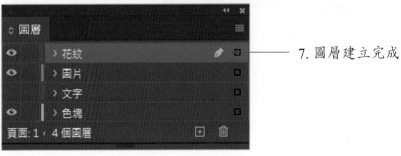

6. 按下「確定」鈕離開
4. 輸入圖層名稱
5. 下拉可變更圖層的標示顏色

7. 圖層建立完成

11-1-4 變更圖層順序

圖層的順序若需要調整，直接點選圖層再拖曳到要放置的位置就行了。

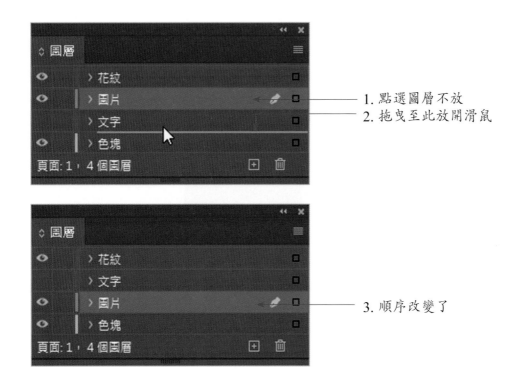

1. 點選圖層不放
2. 拖曳至此放開滑鼠

3. 順序改變了

11-1-5 複製／刪除圖層

若要複製某一圖層中的物件，可將圖層直接拖曳到下方的 ⊞ 鈕中，就會自動「拷貝」一份圖層，若要刪除多餘的圖層，點選圖層後按下 🗑 鈕就行了。

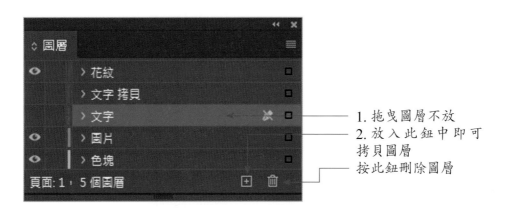

1. 拖曳圖層不放
2. 放入此鈕中即可拷貝圖層
按此鈕刪除圖層

11-1-6 鎖定物件

在編輯的過程裡，如果有物件的位置已經確認，不希望因為不小心而被更動到，那麼可以考慮將它鎖定。只要按下眼睛 鈕後方的欄位，使顯現 🔒 的圖示就行了。如圖示：

— 按此欄位即可顯示鎖的圖示

— 物件被鎖住，就無法隨意移動

11-2 物件的複製

在配置圖框或插圖時，經常都會用到「拷貝」與「貼上」的指令。除了利用快速鍵「Ctrl」＋「C」拷貝物件，再按「Ctrl」＋「V」鍵貼上物件外，InDesign也提供「多重複製」的功能可加快版面的編排，另外「編輯／複製」指令也具有快速複製物件的效果。這裡就針對此二功能為各位做解說。

11-2-1 多重複製

想要將物件作等距離的複製，利用「編輯／多重複製」功能是一個不錯的選擇，因為它可以讓使用者設定重複的數目以及偏移的距離。如圖示：

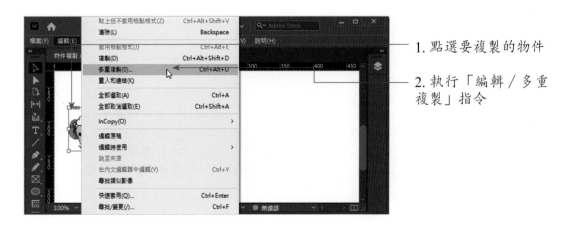

— 1. 點選要複製的物件

— 2. 執行「編輯／多重複製」指令

5. 按「確定」鈕離開

4. 設定要複製的數目

勾選此項可由視窗後方預覽效果

3. 選擇複製的方向及偏移的距離

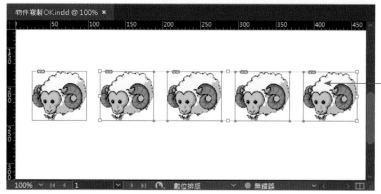

6. 整齊的排列複製圖形

11-2-2 複製

　　「編輯／複製」指令可以快速複製目前選取的物件，其快速鍵用法為「Ctrl」+「Shift」+「Alt」+「D」鍵，它會在選取物旁邊自動顯示複製的物件。

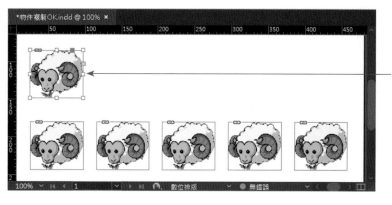

1. 選取要複製的物件，然後按「Ctrl」+「Shift」+「Alt」+「D」鍵四次

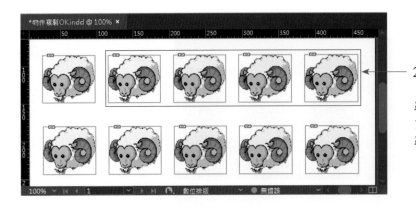

2.顯示複製的物件
（其複製物之間的
距離會延續前次「多
重複製」所設定的
距離喔！）

　　物件複製後為了移動方便，可利用「物件／群組」指令或按快速鍵「Ctrl」＋「G」鍵
將它們群組在一起，群組後的物件會被視為一個物件。若需取消群組，則執行「物件／解
散群組」指令。

11-3　物件與版面對齊

　　不管是繪製的圖框或置入的插圖，如果需要作多個物件的對齊或均分，那麼請善用
「對齊」面板，因為不管針對版面或選取物做對齊或均分，「對齊」面板都可以幫你做到。

11-3-1　對齊面板

　　請執行「視窗／物件與版面／對齊」指令，使顯現「對齊」面板。

由此下拉可以選擇對齊
的基準

11-3-2 對齊物件

在設定物件對齊前，可以事先由「對齊至」的按鈕下拉選擇對齊的基準點，選擇的對齊的基準點不同，出來的效果也大不同喔！

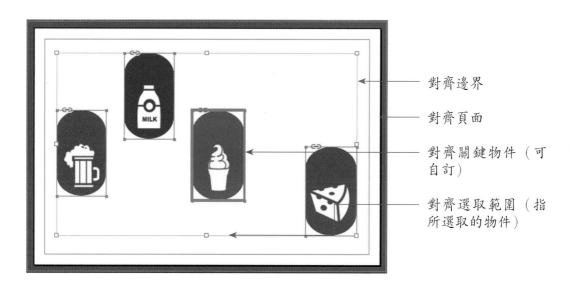

對齊邊界

對齊頁面

對齊關鍵物件（可自訂）

對齊選取範圍（指所選取的物件）

至於對齊的方式，可以由圖鈕看出效果：

對齊左側邊緣　對齊右側邊緣　對齊垂直置中

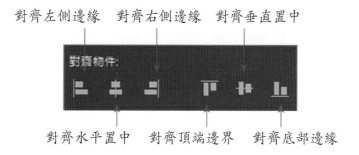

對齊水平置中　對齊頂端邊界　對齊底部邊緣

11-3-3 均分物件

「均分物件」可將物件的間隔距離設為相同，除了指定對齊的基準點外，若勾選「使用間距」的選項，則可自訂間距的數值。使用技巧如下：

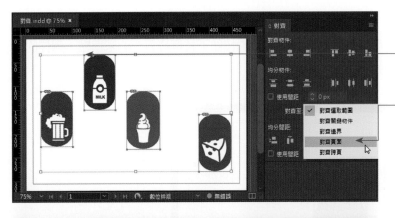

1. 選取要作均分的
   四個物件

2. 由「對齊至」下
   拉設定以「對齊頁
   面」為基準

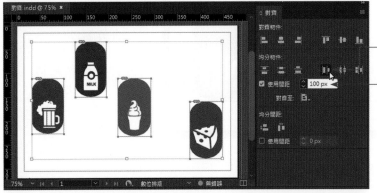

4. 按此鈕設定均分
   左側邊緣

3. 勾選此項，並設
   定物件的間隔為 100

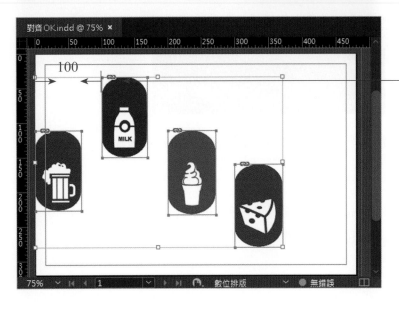

5. 完成均分設定，
   而且最左側的物件
   已對齊頁面的左
   側，彼此間隔也為
   100 像素

11-4　物件的變形

文件上物件若需要作變形處理，可以利用以下三種方式來處理。

➢「變形」面板

執行「視窗 / 物件與版面 / 變形」指令可開啟「變形」面板。

X 縮放百分比
強制縮放比例
Y 縮放百分比

旋轉角度
傾斜角度

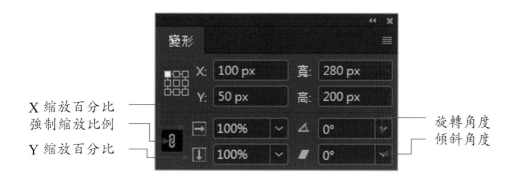

➢「控制」面板

除了與「變形」面板相同的縮放、傾斜、旋轉的功能，還提供翻轉和 90 度旋轉的設定。

逆時針旋轉 90 度

順時針旋轉 90 度　　未翻轉

水平翻轉　　垂直翻轉

➢功能表選單

執行「物件」功能表下的「變形」指令，其副選單中也有包含如下的變形指令。

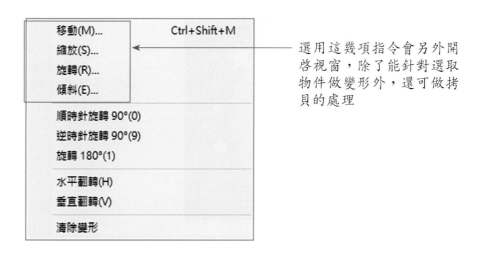

選用這幾項指令會另外開啟視窗，除了能針對選取物件做變形外，還可做拷貝的處理

這一小節將針對這些變形設定做說明。

11-4-1 縮放物件

利用「控制」面板或「變形」面板上的 ➡ 和 ⬇ 鈕，除了可以設定百分比的放大或縮小，也可以直接使用精確數值和單位來設定。

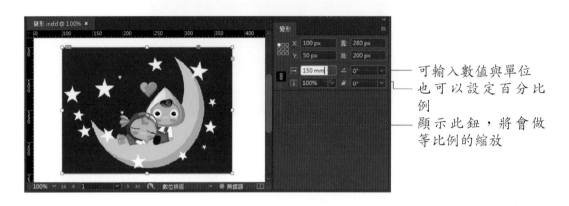

可輸入數值與單位
也可以設定百分比例
顯示此鈕，將會做等比例的縮放

若是選用「物件／變形／縮放」指令則會出現視窗作設定，並提供拷貝功能。

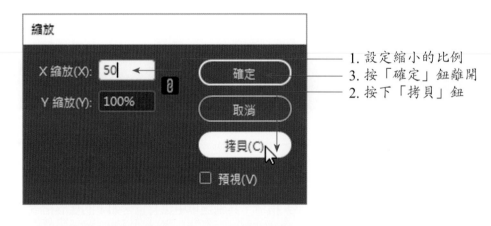

1. 設定縮小的比例
3. 按「確定」鈕離開
2. 按下「拷貝」鈕

4. 瞧！拷貝的物件已縮小為原尺寸的一半了

11-4-2　旋轉物件

要為物件做 90 度旋轉或任一角度的旋轉時，可以配合面板上的參考點  來設定旋轉的中心點。

2. 將參考點設定在中心點的位置
3. 輸入旋轉的角度
1. 點選物件

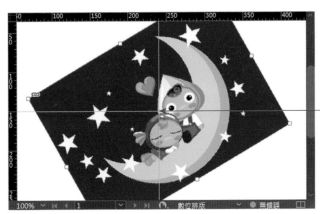

4. 以中心為基準，向左旋轉了 30 度

11-4-3　傾斜物件

要傾斜物件，由「變形」或「控制」面板的  鈕輸入正值會向右傾，輸入負值則向左傾，若要作「垂直」軸向的傾斜，則必須使用「物件／變形／傾斜」指令。

由「傾斜」視窗可指定軸向

水平傾斜 30 度效果

11-4-4 物件翻轉

物件的翻轉有「水平翻轉」與「垂直翻轉」2種，可由「控制」面板或「物件 / 變形」指令下拉做選擇。而其效果如下：

原畫面　　　　　　　　　水平翻轉　　　　　　　　　垂直翻轉

第十二章　表格製作的快速達人攻略

　　表格在排版上應用的相當多，它可以讓文件看起來更美觀整齊。這一章節主要介紹表格的建立方式、表格的選取、編輯技巧、以及儲存格的設定，讓各位繪製出來的表格也能展現多采多姿的風貌。

12-1　認識表格

　　表格是由幾個縱向的欄與橫向的列所組成，其基本單位為「儲存格」。儲存格中可以輸入文字，也可以放入圖片，也可以插入其他的表格。

　　在 InDesign 中，表格也是屬於文字的一部分，因此必須在文字框內，才可以執行插入表格的指令。

12-2　建立表格

　　要建立表格，除了可以從無到有插入空白表格、也可以將現有文字轉為表格，或是直接將 Word、Excel 的表格置入到文件中。這裡先針對此三種建立表格的方式做說明。

12-2-1　插入表格

　　將文字輸入點放置於文字框中，執行「表格 / 插入表格」指令，可自訂內文的欄列數，以及表頭 / 表尾的列數。

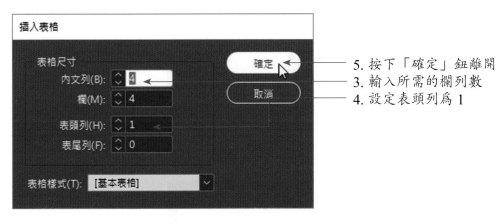

5. 按下「確定」鈕離開
3. 輸入所需的欄列數
4. 設定表頭列為 1

6. 空白表格已插入文字框中

12-2-2 將文字轉換為表格

除了從無到有繪製表格外，只要是以段落標記、逗點或定位點方式做區隔，就可以快速將它們轉換為表格形式。

2. 執行「表格／將文字轉換為表格」指令
1. 選取要作表格的區域文字

3. 設定欄分隔元為「定位點」

5. 按下「確定」鈕

4. 設定列分隔元為「段落」

6. 文字已轉變成表格形式

12-2-3 置入 Word／Excel 資料

假如有現成的 Word 表格或 Excel 資料，也可以利用「檔案／置入」指令來置入進來，於「置入」視窗中勾選「顯示讀入選項」，即可讓置入的表格維持原有的表格格式。

以「檔案／置入」指令，置入 Word 中現有的表格

12-3 表格的選取

在替表格進行編輯前，還必須學會表格的選取方式，才能讓編輯工作進行的更順利。唯有選取表格、欄、列、或儲存格後，才可透過「控制」面板所提供的功能來編輯表格。

12-3-1 以功能表單選取表格／欄／列／儲存格

執行「表格／選取」指令，其副選單中提供以下幾種指令可以選取表格、欄、列、儲存格。

儲存格(E)	Ctrl+/
列(R)	Ctrl+3
欄(C)	Ctrl+Alt+3
表格(A)	Ctrl+Alt+A
表頭列(H)	
內文列(B)	
表尾列(F)	

12-3-2 以滑鼠選取表格／欄／列／儲存格

在「文字工具」點選的情況下，也可以將滑鼠移到表格上方或左側邊界處，若滑鼠變成黑色的箭頭符號，即可選取表格、欄、列。

➢ 選取表格

商城 app 名稱	免費安裝方式
中華電信商城	手機連向 Google Play 商城，輸入 " Hami Apps"
台灣大哥大商城	手機連向 Google Play 商城，輸入 "matchApps"
威寶商城	手機連向 Google Play 商城，輸入 "VApp"
遠傳商城	手機連向 Google Play 商城，輸入 " S 市集"

—— 按此處可以選取整個表格

➢ 選取欄

商城 app 名稱	免費安裝方式
中華電信商城	手機連向 Google Play 商城，輸入 " Hami Apps"
台灣大哥大商城	手機連向 Google Play 商城，輸入 "matchApps"
威寶商城	手機連向 Google Play 商城，輸入 "VApp"
遠傳商城	手機連向 Google Play 商城，輸入 " S 市集"

—— 按於欄上方可以選取整欄

➢ 選取列

商城 app 名稱	免費安裝方式
中華電信商城	手機連向 Google Play 商城，輸入 " Hami Apps"
台灣大哥大商城	手機連向 Google Play 商城，輸入 "matchApps"
威寶商城	手機連向 Google Play 商城，輸入 "VApp"
遠傳商城	手機連向 Google Play 商城，輸入 " S 市集"

—— 按於列左側可選取整列

➢ 選取儲存格

若要選取單一個或多個儲存格，則是直接利用滑鼠拖曳的方式來選取。

商城 app 名稱	免費安裝方式
中華電信商城	手機連向 Google Play 商城，輸入" Hami Apps"
台灣大哥大商城	手機連向 Google Play 商城，輸入 "matchApps"
威寶商城	手機連向 Google Play 商城，輸入 "VApp"
遠傳商城	手機連向 Google Play 商城，輸入" S 市集"

—— 以滑鼠拖曳要選取的儲存格範圍

12-4 編輯表格

　　學會表格 / 欄 / 列 / 儲存格的選取，接著來看看表格的編輯。像是欄列的插入、變更寬高、合併儲存格等功能，此小節都會做介紹。對於表格的編輯，基本上是透過以下三個地方來做編修。

➤「表格」功能表提供各種與表格編修的相關指令。

➤ 利用「控制」面板。

➤ 執行「視窗 / 文字與表格 / 表格」指令，可開啓「表格」面板。

12-4-1 插入欄列

　　想要在原有表格中增加欄數或列數，利用「控制」面板或「表格」面板即可插入。

1. 開啓編輯的文件

由此則增加欄數

3. 由此增加列數

2. 輸入點放在表格中

4. 新增的列數會顯示在最下方

如需在特定的列上／下方，或欄的左／右側加入列欄，則請使用「表格／插入／列」或「表格／插入／欄」指令，就可以在開啓的視窗中做選擇。

2. 執行「表格／插入／列」指令

1. 選取要插入列的位置

5. 按下「確定」鈕離開

3. 設定增加的列數

4. 設定增加的位置

6. 在選取表格上方加入 2 列

12-4-2 變更列高／欄寬

預設的表格，其列高與欄寬都相當的緊密，若想加大列高與欄寬，由「表格」面板即可設定精確的數值。

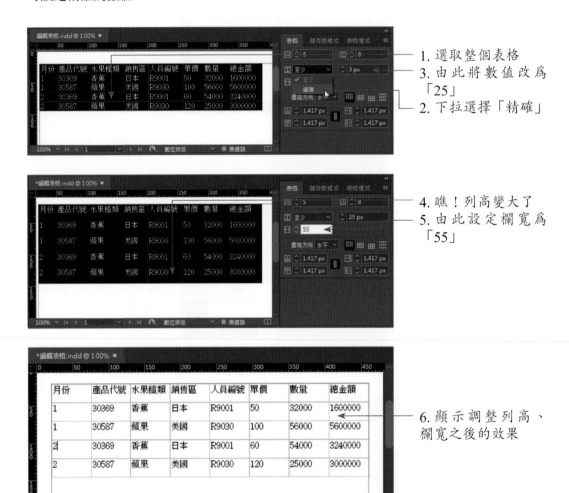

1. 選取整個表格
3. 由此將數值改為「25」
2. 下拉選擇「精確」

4. 瞧！列高變大了
5. 由此設定欄寬為「55」

6. 顯示調整列高、欄寬之後的效果

如果只想調整部分欄位的寬度，可直接以滑鼠拖曳欄的邊線。如圖示：

月份	產品代號	水果種類	銷售區	人員編號	單價	數量	總金額
1	30369	香蕉	日本	R9001	50	32000	1600000
1	30587	蘋果	美國	R9030	100	56000	5600000
2	30369	香蕉	日本	R9001	60	54000	3240000
2	30587	蘋果	美國	R9030	120	25000	3000000

1. 直接按住邊線做拖曳

月份	產品代號	水果種類	銷售區	人員編號	單價	數量	總金額
1	30369	香蕉	日本	R9001	50	32000	1600000
1	30587	蘋果	美國	R9030	100	56000	5600000
2	30369	香蕉	日本	R9001	60	54000	3240000
2	30587	蘋果	美國	R9030	120	25000	3000000

—— 2. 此欄寬變大了

12-4-3 合併／分割儲存格

多個儲存格如果需要合併成一個儲存格，在選取儲存格後，執行「表格／合併儲存格」指令即可合併。

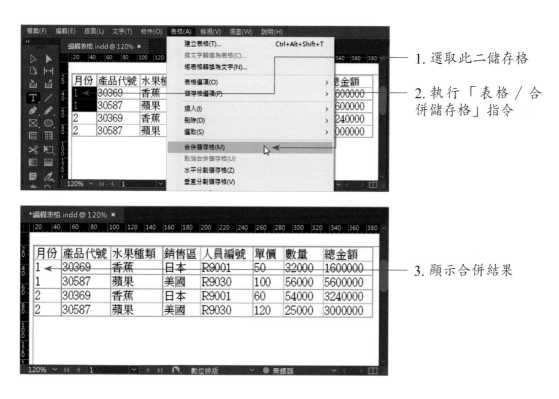

—— 1. 選取此二儲存格

—— 2. 執行「表格／合併儲存格」指令

—— 3. 顯示合併結果

如果要將儲存格一分爲二，也請先選取儲存格，再執行「表格／水平分割儲存格」或「表格／垂直分割儲存格」指令就可搞定。

12-4-4 表格選項設定

執行「表格／表格選項」指令，可針對表格、間隔列線條、間隔欄線條、間隔填色、表頭與表尾等屬性進行設定。

➤ 表格設定

可以重新調整內文列、欄數、表頭列、表尾列的數量，針對表格邊界的寬度、顏色、線條類型，也可以做設定，並且可以設定表格與前／後段的段落間距。

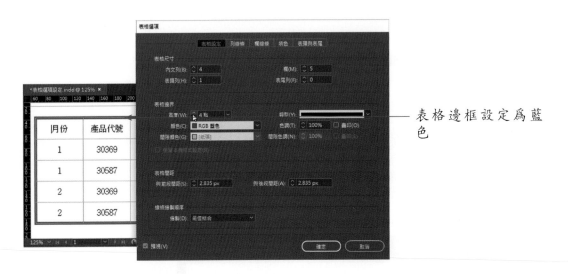

—— 表格邊框設定為藍色

➤ 間隔列線條

設定間隔列的距離為一列、二列、或三列，另外，列線條的寬度、類型、顏色或色調等變化，都可以自行設定。

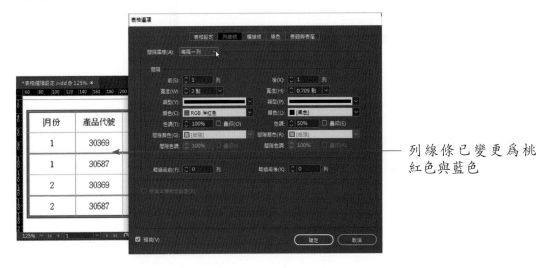

—— 列線條已變更為桃紅色與藍色

➢間隔欄線條

設定的屬性內容與「列線條」相同。若「間隔圖樣」設定為「無」，則不會顯現欄線條。

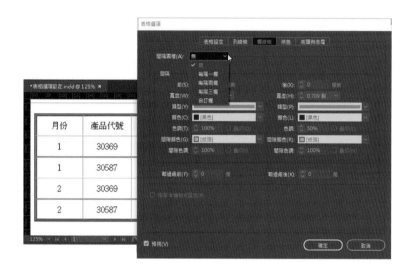

➢間隔填色

針對內文列的間隔，可設定間隔的圖樣、顏色、與色調。

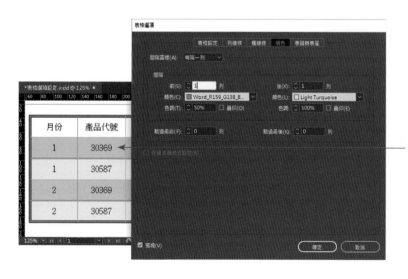

顯示淡紫色與淡藍色的填色效果

➢表頭與表尾

設定重複表頭為「每個文字欄」、「每個框架一次」，或是「每個頁面一次」。若勾選「略過最前」的選項，則表格一開始不會有表頭。如下圖示：

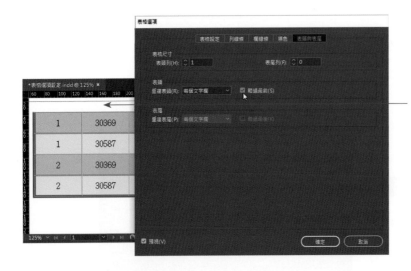

勾選「略過最前」的選項，將不會出現表頭

12-4-5 儲存格選項設定

執行「表格／儲存格選項」指令可針對選取的儲存格，進行文字、線條與填色、列與欄、對角線等屬性進行設定。

➢ 文字

「文字」標籤頁可設定儲存格文字的書寫方向、對齊方式、旋轉角度、以及內縮的距離。

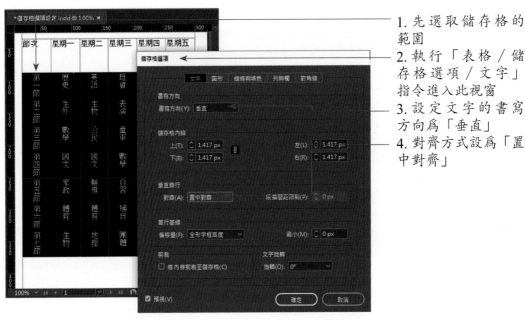

1. 先選取儲存格的範圍
2. 執行「表格／儲存格選項／文字」指令進入此視窗
3. 設定文字的書寫方向為「垂直」
4. 對齊方式設為「置中對齊」

➢線條與填色

「線條與填色」標籤頁用以設定儲存格填色、以及儲存格的線條寬度、色彩、與線條類型。

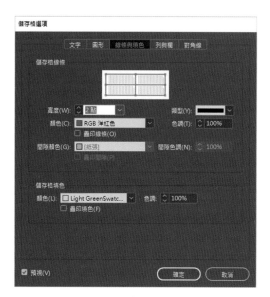

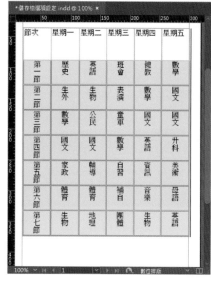

設定的內容　　　　　　　　　　顯示的結果

➢列與欄

「列與欄」標籤頁可設定精確的列高度與欄寬度。

➢ 對角線

「對角線」標籤頁提供三種對角線方式可以選擇,也可設定對角線的寬度、色彩、類型與色調。

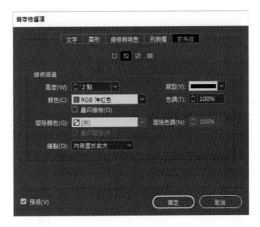

設定的內容

顯示對角線效果

第十三章　繞圖排文技巧這樣做才對

在海報文宣的設計中，繞圖排文被應用的機會相當多，它的特點就是內文字會圍繞在圖片或造型的四周依序排列，讓畫面變得活潑生動。此一章節將針對繞圖排文的方式、文中置圖、文字路徑中置圖等主題和各位做探討。

13-1　繞圖排文面板

要作繞圖排文的處理，必須利用到「繞圖排文」面板，因此請先執行「視窗／繞圖排文」指令使開啟該面板。

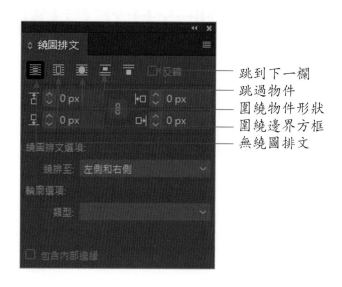

跳到下一欄
跳過物件
圍繞物件形狀
圍繞邊界方框
無繞圖排文

13-2　繞圖排文方式

各位可以看到，「繞圖排文」面板上提供五種的排文方式，現在就一一來做探討。

13-2-1 無繞圖排文

　　「無繞圖排文」是預設的繞圖排文方式，文字框與圖片之間沒有關連性，只有前／後的排列關係。

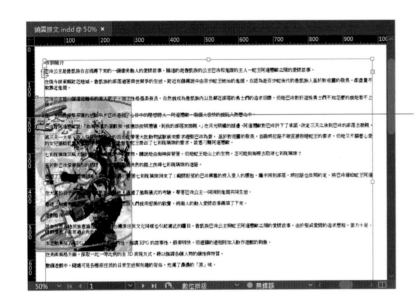

圖片排列在文字之後，文字框和圖片之間沒有關聯性

13-2-2 圍繞邊界方框

　　由「繞圖排文」面板按下「圍繞邊界方框」▦ 鈕，文字將圍繞在圖片的右側，而透過面板下方還可以控制文字與圖片頂端／底部／左側／右側的偏移值。設定方式如下：

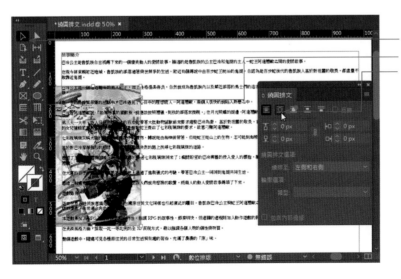

1. 點選「選取工具」
2. 選取圖片
3. 按下「圍繞邊界方框」鈕

4. 文字圍繞在圖片的四周了，不過圖文的距離很接近

5. 由此輸入偏移量「20」

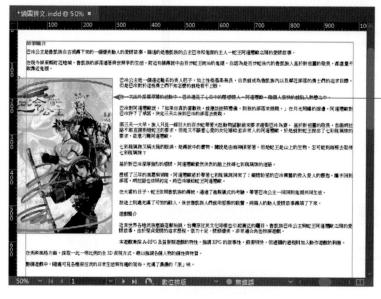

6. 圖文之間的距離變大，看起來較順眼

13-2-3 輪廓繞排

剛剛介紹的是一般滿版圖片的排列方式，如果各位有去背景的圖形，希望文字能夠沿著造型的輪廓排文，那麼就請選用「圍繞物件形狀」 ■ 的功能，再透過「輪廓選項」與「繞排至」的選項來調整繞排的效果。

在 2021 的版本中，此功能又做了增強，除了可以偵測影像中的主體，並以文字將其環繞，讓設計者不再受限影像框架或使用其他應用程式來獲取這種效果，而且設計師可以將文字繞排於任意物件的周圍，包括文字框、讀入的影像，以及各位在 InDesign 中所繪製的物件。

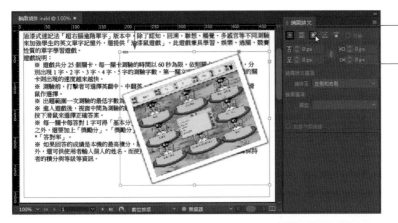

1. 開啓檔案後，選取圖片
2. 由「繞圖排文」面板上按下此鈕

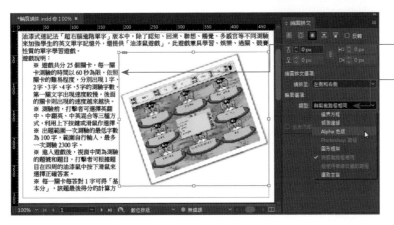

3. 文字圍繞著圖片的框架排列
4. 由「輪廓選項」的「類型」下拉選擇「Alpha 色版」

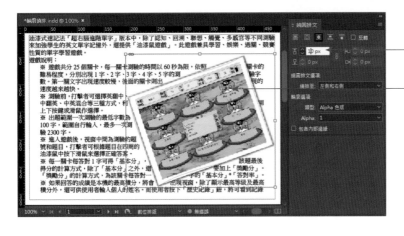

6. 由此加大文字與圖片之間的距離
5. 文字已繞著圖形邊框排文

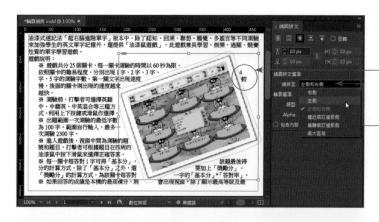

圖文距離加大後，這裡出現零星的幾個字

7. 由此下拉選擇繞排至「左側」

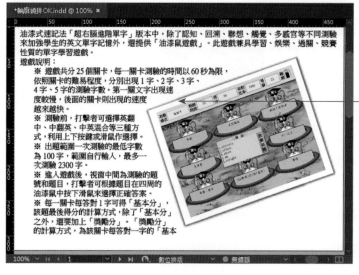

8. 文字只繞排在圖形的左側了

如果希望右下角的文字也能夠繼續排文，可以考慮利用「直接選取工具」▶ 來調整路徑的位置。如圖示：

1. 點選「直接選取工具」

2. 將路徑的控制點往右移動

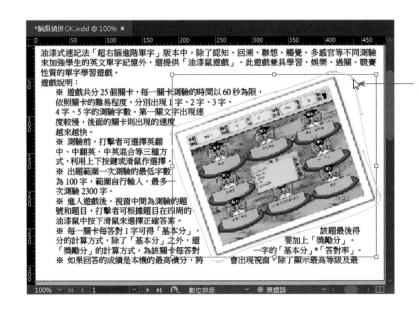

3. 控制點移到此處後，原有的文字則繼續排文到左側了

13-2-4 跳過物件／跳到下一欄

由「繞圖排文」面板上按下「跳過物件」 ▣ 鈕，它會將圖片左右的文字擠掉，而由圖片下方繼續排列文字。至於「跳到下一欄」 ▣ 鈕則是圖片左右的文字被擠掉外，該欄的下方也會清空，文字會從下一個欄位才開始繼續排文。如圖示：

「跳過物件」會將圖片左右的文字擠掉，而由圖片下方繼續排列文字

故事簡介

巴冷公主是魯凱族自古流傳下來的一個
淒美動人的愛情故事，描述的是魯凱族
的公主巴冷和鬼湖的主人－蛇王阿達禮
歐之間的愛情故事。

在現今屏東縣附近地域，魯凱族的部落
過著與世無爭的生活，附近有個傳說中
由百步蛇王統治的鬼湖，自認為是百步
蛇後代的魯凱族人基於對祖靈的敬畏，
都盡量不敢靠近鬼湖。

巴冷公主是一個遠近馳名的美人胚子，
加上性格溫柔善良，自然就成為魯凱族
內以及鄰近部落的勇士們的追求目標，
但是巴冷對於這些勇士們不知怎麼的就
是看不上眼。

在一次出外採集草藥的活動中，巴冷遇
見了心目中的理想情人－阿達禮歐，兩
個人很快的就陷入熱戀之中。

巴冷對阿達禮歐說：「如果你真的喜歡

我，就應該按照禮儀，到我的部落來提
親。」在月光照耀的湖邊，阿達禮歐對
巴冷許下了承諾，決定三天之後到巴冷
的部落去提親。

「跳到下一欄」會將圖片左右的文字擠掉外，該欄的下方也會清空，文字會從下一個欄位才開始繼續排文

13-3 文中置圖

前面小節介紹的是利用「繞圖排文」面板來控制圖與文之間的關係，除此之外，文字框中也可以置入圖片，就連路徑文字也一樣可以辦到。因此這裡就針對這兩項效果跟各位做解說。

13-3-1 文字框中置入圖片

在書籍排版方面，經常會遇到電腦打不出來的文字，或是一些咒字、梵文等穿插在內文當中，對於這些稀有文字或符號，經常讓新進的排版人員大傷腦筋。事實上排版人員可以將它們視為圖片，運用繪圖軟體組合文字或繪製後置入到文件中，調整好尺寸大小後，再利用「編輯／拷貝」與「編輯／貼上」指令貼入到文字輸入點所在的位置就行了。而廣告 DM 中也經常可以看到標題字中穿插著圖形，這也可以視為文字框中置入圖片的效果。如下面的 Flower 中插入花朵的圖形就屬之。

1. 文字框中輸入文字

2. 將圖形置入到文件中，調整尺寸後按「Ctrl」+「C」鍵拷貝圖形

3. 選取要替代的英文字「O」，按「Ctrl」+「V」鍵貼入圖形

4. 瞧！圖片已插入文字中

5. 同上方式插入另一個花朵的圖片

13-3-2 文字路徑中置入圖片

　　前面示範的是在文字框中置入圖片，當然文字路徑中也可以置入圖片。只要繪製路徑後，利用「路徑文字工具」 點選路徑，就可以在路徑中加入文字，同樣的也可以利用「Ctrl」+「C」鍵拷貝圖形，按「Ctrl」+「V」鍵貼入圖形到路徑上。

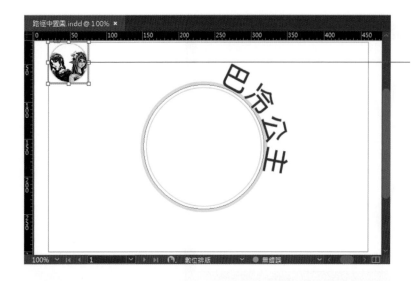

1.點選圖片後，按
「Ctrl」＋「C」鍵拷
貝圖形

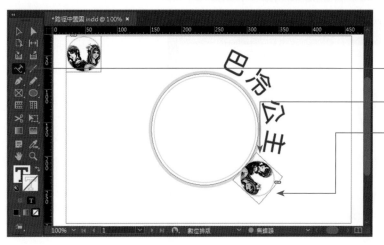

2.點選「文字路徑工
具」

3.在路徑上按一下，
使顯現文字輸入點

4.按「Ctrl」＋「V」
鍵，即可將圖形貼入
到路徑上

13-4　錨定物件

「錨定物件」的功能主要用來指定物件在文字流中的位置，讓物件可以顯示在我們期望的位置上。

13-4-1 錨定物件選項

以前面介紹的「Flower」藝術字為例，利用「物件 / 錨定物件 / 選項」指令，可以調整花朵在文字中的上下位置。

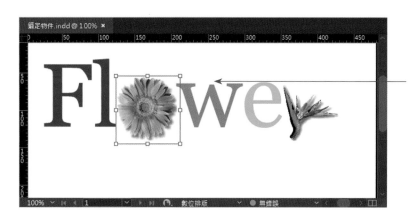

1.點選此物件後，執行「物件 / 錨定物件 / 選項」指令，使進入下圖視窗

2. 選擇「行中」
3. 設定 Y 偏移量
6. 瞧！花朵上移了
4. 勾選此項可以從視窗後面看到偏移後的效果
5. 設定完成按「確定」鈕離開

13-4-2 自訂錨定物件

在一些書籍排版中，如果希望有更活潑的編排方式，也可以利用「自訂」的功能來錨定物件，讓物件的位置不會只侷限在上下的偏移，也可以做左右位置的偏移。

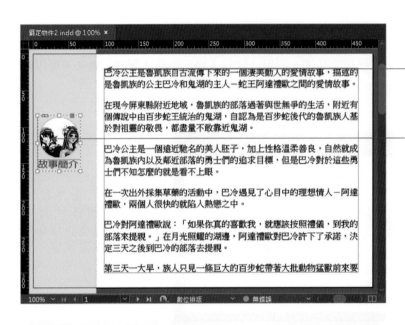

2. 將文字輸入點放在「巴」字之前，按「Ctrl」+「V」鍵使之貼入

1. 選取圖形後，按「Ctrl」+「X」鍵剪下圖形

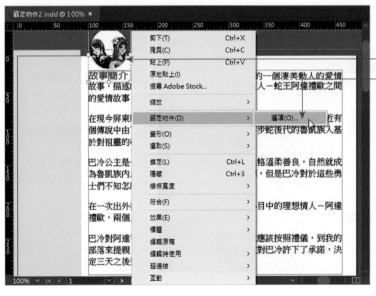

3. 選取貼入的圖形

4. 執行「物件／錨定物件／選項」指令，使進入下圖視窗

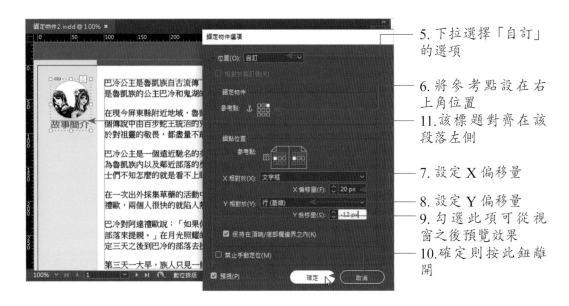

5. 下拉選擇「自訂」的選項

6. 將參考點設在右上角位置

11. 該標題對齊在該段落左側

7. 設定 X 偏移量

8. 設定 Y 偏移量

9. 勾選此項可從視窗之後預覽效果

10. 確定則按此鈕離開

　　透過「錨定物件」的功能，就可以將錨定的物件（段落標題）與錨定的文字結合在一起，這樣的設定在書籍或論文的編排上相當好用，因為一旦文字內容有做增減，該錨定的物件也會跟著文字段落而移動。

第十四章　多種樣式設定大補帖

對於書冊的排版，大小標題、表格、或重點文字的設定都是避免不了的，這樣才能讓讀者在閱讀書籍或找尋主題時一目了然。然而要標記一種樣式，可能需要很多道的手續，諸如：字體大小、字體樣示、色彩、字距、行距、縮排等，若要一個個做設定，也會耗用許多的時間。如果學會字元樣式、段落樣式、表格樣式的使用技巧，那麼就可以簡化這些重複設定的時間。所以這個章節將針對這些樣式的新增與套用技巧做說明，讓各位輕鬆又快速地完成排版工作。

14-1 段落樣式設定

「段落樣式」是透過使用者的新增與設定，將多個與段落有關的屬性的集合在一起，然後再大量套用在相同層級的文字中，舉凡內文字、大小標題、項目清單等設定，都可以透過段落樣式來處理。

14-1-1 段落樣式面板

請執行「視窗 / 樣式 / 段落樣式」指令，使顯現「段落樣式」面板，先來了解面板上提供哪些功能指令。

14-1-2 新增與編輯段落樣式

要新增與編輯段落樣式，請由「段落樣式」面板下方按下「建立新樣式」 鈕，或是由「下拉式選單」 鈕下拉選擇「新增段落樣式」指令，皆可新增樣式。此處以內文字的段落樣式設定做為示範：

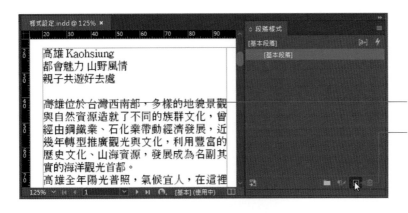

1. 先將輸入點放置
在內文的段落上
2. 按此鈕建立新樣
式

3. 點選新增的樣式，並按
滑鼠兩下進入設定視窗

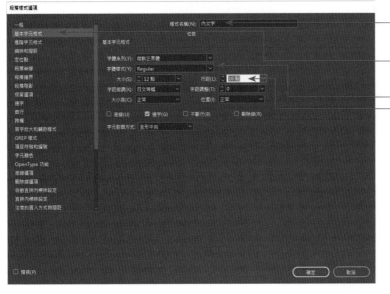

4. 由此輸入樣式的
名稱
5. 切換到「基本字
元格式」
6. 設定字型
7. 設定行距

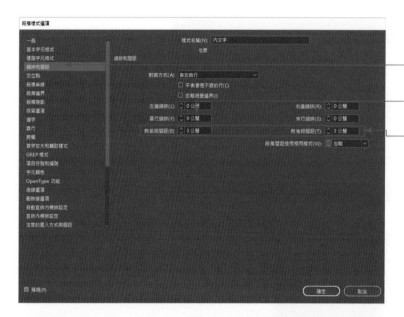

8. 切換到「縮排和間距」

9. 設定首行縮排的位置

10. 設定與前／後段的間距

12. 設定文字顏色

11. 切換到「字元顏色」

13. 勾選此項可立即看到設定結果

14. 按「確定」鈕離開

15. 內文字的段落樣式設定完成

剛剛在設定樣式前，因為有將輸入點放置在內文上，因此設定視窗後可以馬上看到該段落設定後的效果，方便我們做編修。而設定後如果想要再次修改所設定的屬性，只要在樣式名稱上按滑鼠兩下，即可重新編修內容。

14-1-3 套用段落樣式

內文字的樣式設定完成後，若要套用該樣式，只要輸入點放在內文當中，再由面板上點選樣式名稱，即可套用效果。

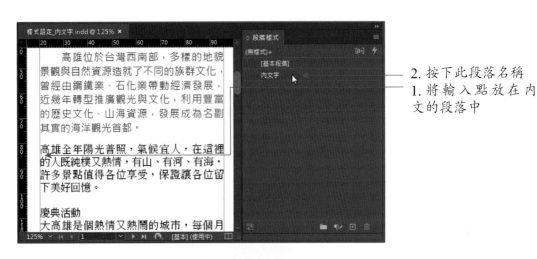

2. 按下此段落名稱
1. 將輸入點放在內文的段落中

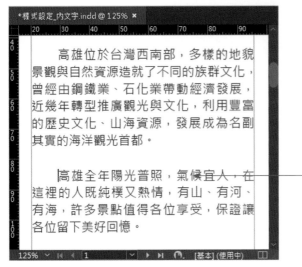

3. 瞧！輕鬆套用樣式

14-2 字元樣式設定

字元樣式主要是針對段落中需要作重點強化的文字來做設定，因此在設定時必須先選取文字範圍，再透過「字元樣式」面板來設定。

14-2-1 字元樣式面板

執行「視窗 / 樣式 / 字元樣式」指令可開啓「字元樣式」面板。

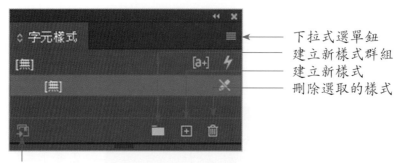

下拉式選單鈕
建立新樣式群組
建立新樣式
刪除選取的樣式

將選取的樣式新增至我的目前 CC 程式庫

14-2-2 新增與編輯字元樣式

「字元樣式」面板的使用技巧大致和「段落樣式」面板相同。請先選取要設定的文字區域，由面板下方按下「建立新樣式」 🔲 鈕，或由「下拉式選單」 ▤ 鈕下拉選擇「新增字元樣式」指令，即可進行樣式設定。

1. 選取要作字元設定的文字
2. 由「字元樣式」面板按下此鈕新增樣式

3. 點選剛剛新增的樣式，按滑鼠兩下進入下圖視窗

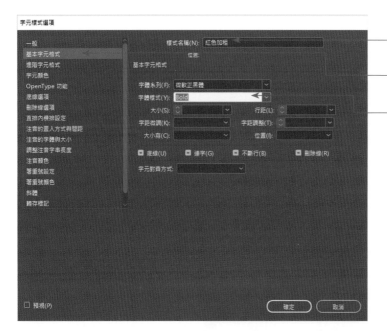

4. 輸入字元的樣式名稱

5. 切換到「基本字元格式」

6. 設定字體系列與字體樣式

7. 切換到「字元顏色」

8. 設定文字顏色

9. 按下「確定」鈕離開

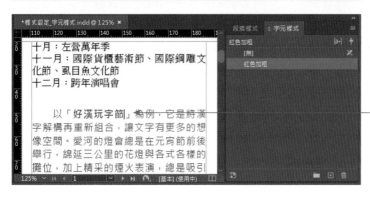

10. 字元樣式設定完成

14-2-3 套用字元樣式

要套用字元樣式，只要選取文字範圍，再點選字元樣式名稱就可以了。

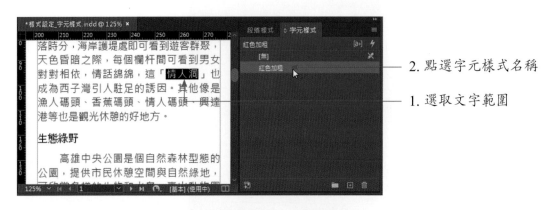

2.點選字元樣式名稱

1.選取文字範圍

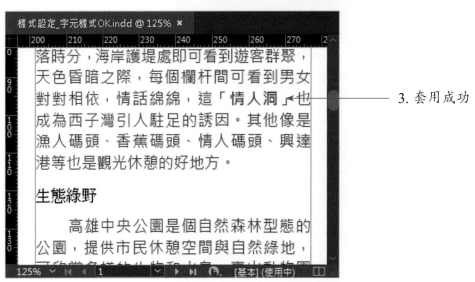

3.套用成功

14-3 樣式的管理

一份排版文件所要使用到的樣式可能相當的多，不管是大小標題或強調文字，全部都要從無到有的設定也需要耗費不少時間，而多餘的樣式如果還留在面板上，在套用時也可能不小心選取到，因此這一小節就針對樣式面板的管理做說明，讓各位可以輕鬆管理段落樣式和字元樣式。

14-3-1 複製樣式

不管是字元樣式或段落樣式，若新設的樣式大致與上與已建立的樣式相近，那麼可以透過「複製樣式」的功能來編修，此處我們以「字元樣式」面板做說明。

　　　　　　　　　　　1. 點選此樣式不放

　　　　　　　　　　　2. 將樣式拖曳到下方的「建立新樣式」
　　　　　　　　　　　　鈕中

　　　　　　　　　　　3. 按此拷貝的樣式兩下，即可進入「字
　　　　　　　　　　　　元樣式選項」視窗修改名稱和樣式

14-3-2 刪除樣式

　　對於不會再使用到的樣式，由面板下方按下 🗑 鈕，即可將選取的樣式刪除。

　　　　　　　　　　　1. 點選樣式名稱

　　　　　　　　　　　2. 按下此鈕刪除

刪除字元樣式

⚠️　刪除樣式「紅色加粗 拷貝」

　　並取代為(R):　[無]

☑ 保留格式設定(P)

　　　　確定　　　　取消

　　　　　　　　　　　3. 按下「確定」鈕

4. 刪除成功

14-3-3 讀入樣式

假如有現成的排版檔案，而且裡面就設有各種的字元樣式或段落樣式，那麼也可以選擇將裡面的樣式讀入目前的排版檔中。此處就以「段落樣式」來做示範說明。

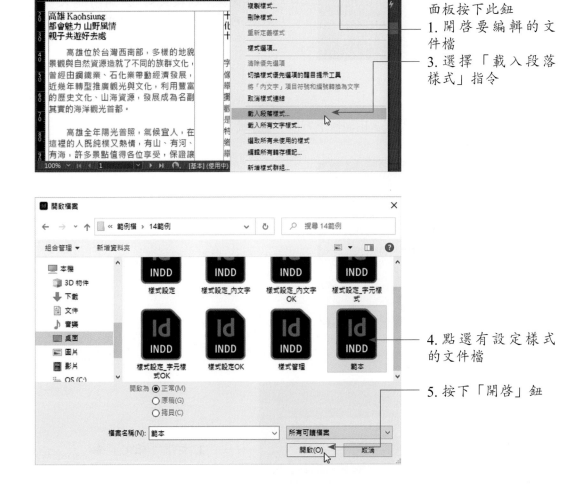

2. 由「段落樣式」面板按下此鈕

1. 開啟要編輯的文件檔

3. 選擇「載入段落樣式」指令

4. 點選有設定樣式的文件檔

5. 按下「開啟」鈕

7. 按下「確定」鈕
6. 勾選想要匯入的樣式名稱

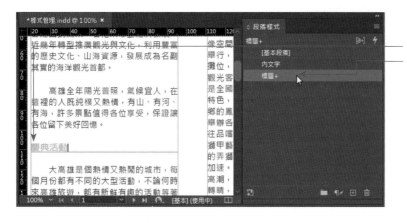

8. 輸入點放在標題處
9. 點選此樣式名稱，即可套用標題的樣式

　　如果發現在套用樣式後，樣式名稱的後方會出現「+」的符號，這是表示該段落仍然包含了原先的設定屬性，此時只要由「下拉式選單」 ▤ 鈕下拉執行「清除優先選項」指令，或是直接在面板下方按下 ¶✕ 鈕即可消除。

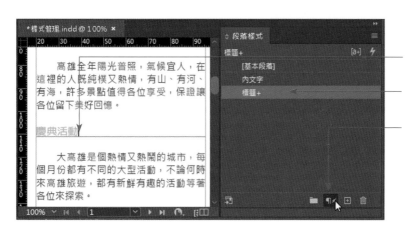

1. 輸入點放在此段落上
2. 樣式名稱有出現「+」符號
3. 按下此鈕清除選取範圍內的優先選項

4.樣式名稱顯示正常了

14-4 表格樣式設定

　　表格在文件排版中，被使用的頻率相當高，而表格的設定除了包含表格邊界、表格間距、欄／列線條、表格填色等設定外，還可能包含儲存格與文字的樣式設定，因此設計一個表格得花費不少的時間。針對單一表格的設計，我們已在 12 章介紹過，而這裡則是針對表格樣式的新增與套用做說明，讓各位可以快速將表格樣式套用到任何的表格上。

14-4-1 表格樣式面板

　　請執行「視窗／樣式／表格樣式」指令，使開啟「表格樣式」面板。

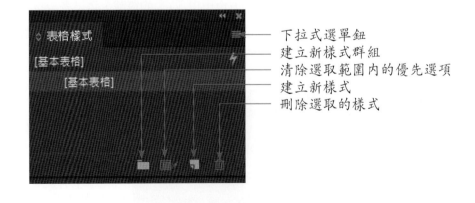

下拉式選單鈕
建立新樣式群組
清除選取範圍內的優先選項
建立新樣式
刪除選取的樣式

14-4-2 新增與編輯表格樣式

　　新增表格樣式的方法，事實上和新增段落樣式的方式相同，因此這裡以範例跟各位做示範說明。

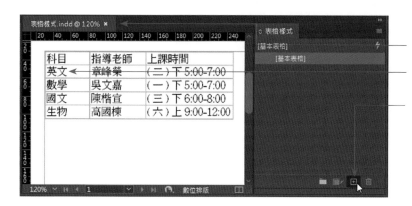

1. 開啟要編輯的文件
2. 將輸入點放置在表格中
3. 按此鈕建立新樣式

4. 按滑鼠兩下於新建的樣式上，使進入編輯視窗

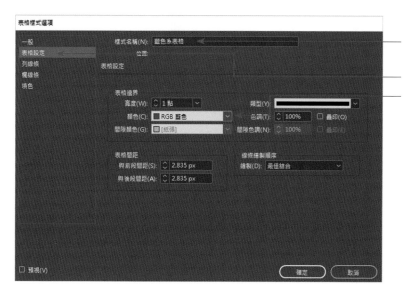

5. 輸入表格樣式的新名稱
6. 切換到「表格設定」
7. 設定表格邊界的顏色與寬度

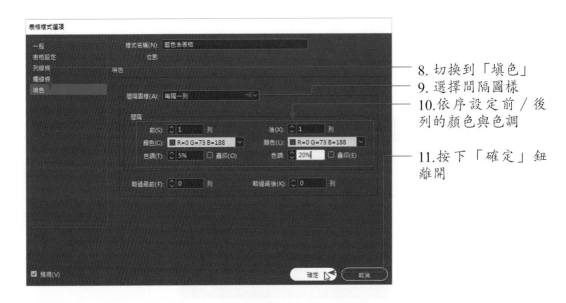

8. 切換到「填色」

9. 選擇間隔圖樣

10.依序設定前／後列的顏色與色調

11.按下「確定」鈕離開

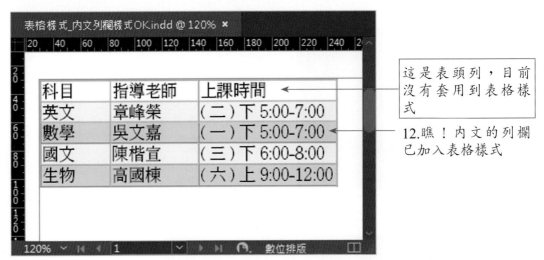

這是表頭列，目前沒有套用到表格樣式

12.瞧！內文的列欄已加入表格樣式

　　在插入表格時，由於表格尺寸有分為內文列、內文欄、表頭列、表尾列四項，剛剛所設定的表格樣式只先針對內文的列／欄做設定，稍後再跟各位說明表頭列的設定技巧。

14-4-3 套用表格樣式

　　前面已經將表格樣式設定完成，那麼在新增表格時，即可直接套用表格樣式。對於已繪製的表格，則可從「表格樣式」面板直接點選樣式名稱來套用樣式。

➢ 新增表格時同時套用表格樣式

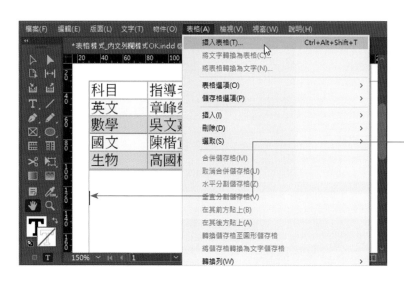

1. 設定新表格要插入的位置，然後執行「表格／插入表格」指令，使顯現下圖視窗

4. 按下「確定」鈕離開
2. 依照需求自訂內文列／欄與表頭列
3. 由此下拉選擇先前設定的表格樣式

5. 新加入的空白表格已套用了表格樣式

➢ 由「表格樣式」面板套用表格樣式

2. 點選此樣式名稱

1. 輸入點放置在空白表格中

3. 表格已套用了設定的表格樣式

14-5 儲存格樣式設定

對於表格樣式的設定有了進一步的認識後，接著要來了解儲存格樣式的設定。

14-5-1 新增與編輯儲存格樣式

請執行「視窗／樣式／儲存格樣式」指令，使開啓「儲存格樣式」面板。此處我們延續前面的範例，並以表頭列來做示範說明。

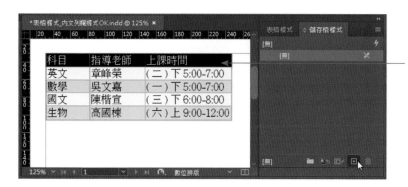

1. 選取表頭列
2. 由「儲存格樣式」
   面板按下「建立新
   樣式」鈕

3. 按滑鼠兩下於新建立的樣
   式，使進入編輯視窗

4. 輸入新名稱為「藍
   底白字」
5. 切換到「線條與
   填色」類別

6. 由此下拉將儲存
   格顏色設為藍色

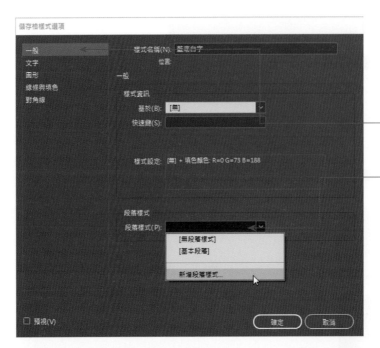

7. 切換到「一般」
類別

8. 段落樣式下拉選
擇「新增段落樣式」

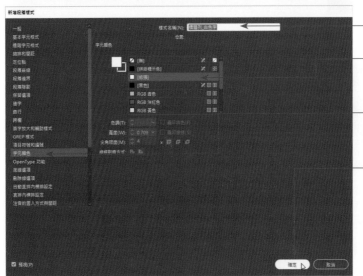

9. 輸入段落樣式的
名稱

11. 將文字顏色設爲
白色

10. 切換到「字元顏
色」

12. 依序按「確定」
鈕離開視窗

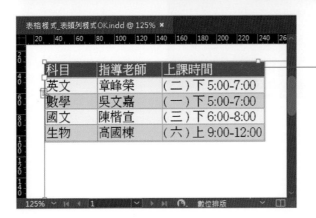

13. 表頭列的儲存格樣
式設定完成

14-5-2 同時套用表格與儲存格樣式

　　想要套用儲存格樣式，只要選取儲存格的範圍，再由「儲存格樣式」面板上點選樣式名稱就可以了。如果想一次就同時把表格內文列與表頭列一次套用完畢，那麼可以利用以下的方式做設定。我們延續前面的範例繼續進行設定。

1. 輸入點放置在表格中
2. 由「表格樣式」面板點選先前設定的表格樣式，然後按滑鼠兩下進入編輯視窗

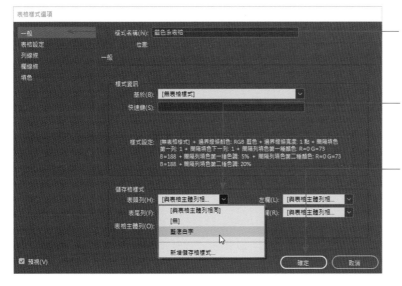

3. 切換到「一般」類別

4. 由此下拉，將表頭列設成先前設定的儲存格樣式

5. 按下「確定」鈕離開

　　設定完成後，繪製新表格即可同時套用表頭列與內文列／欄的樣示了。

2. 按下此表格樣式

1. 繪製新表格，並將輸入點放置於表格中

3.表格樣式套用成功！

第十五章　物件效果與樣式的混搭魔法

在前面的章節中，各位已經學會了字元、段落、表格樣式的設定與應用，這個章節則是針對物件的效果與樣式設定做說明。在 InDesign 中不管是插入進來的圖片、繪製的路徑、或是文字框等都算是物件，這些都可以利用「效果」面板來加入各種效果，而「物件」樣式則是將已設定的效果快速套用到其它的物件中。

15-1 物件效果設定

「效果」是指物件的透明度變化與混色模式，它可以與下層的物件產生不同的混合效果，另外還可以為選定的物件加入陰影、光暈、斜角與浮雕、緞面等效果，這些都可以透過「效果」面板來設定。

15-1-1 認識「效果」面板

請執行「視窗 / 效果」指令使開啟「效果」面板。

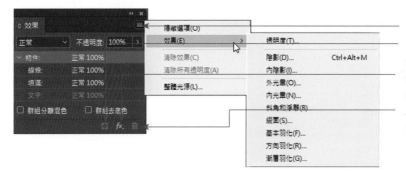

下拉式清單鈕

清除所有效果，並將物件變為不透明

將物件效果新增至選取的目標

從選取的目標移除效果

15-1-2 設定透明效果

「效果」面板上的「不透明度」用來設定物件透明的程度，以便讓下層的物件可以穿透出來。

由此滑鈕可以設定選取物的透明程度

　　數值為 100% 時，物件完全不透明，若設為 0%，那麼被選取的物件將隱藏不見，而下層的物件則完全顯現出來。

不透明度 100%

不透明度 50%

不透明度 0%

15-1-3 設定透明混合模式

　　「效果」面板上提供 16 種不同的混合模式，包括：正常、色彩增值、網屏、覆蓋、柔光、實光、加亮顏色、加深顏色、變暗、變亮、差異化、排除、色相、飽和度、顏色、明度等混合模式。如果各位會使用 Photoshop 繪圖軟體，相信對此功能應該不陌生。

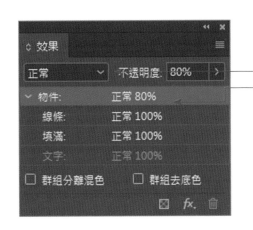

由此下拉設定混合模式
設定的混合模式或不透明度都
會顯示在此處

　　以下以雕塑的圖片為例，瞧瞧不同的混合模式會與下方的花朵圖樣，產生什麼樣的混合效果。

正常

色彩增值

網屏

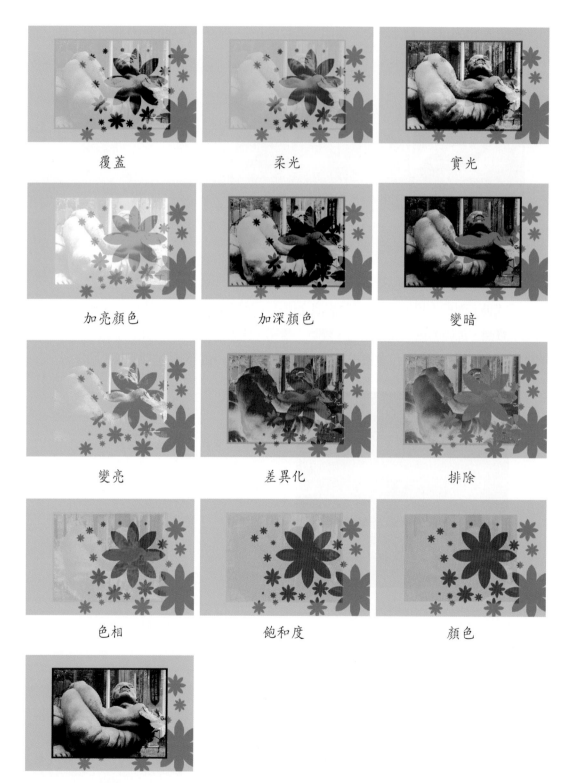

覆蓋　　　　　　　柔光　　　　　　　實光

加亮顏色　　　　　加深顏色　　　　　變暗

變亮　　　　　　　差異化　　　　　　排除

色相　　　　　　　飽和度　　　　　　顏色

明度

15-1-4 物件效果

物件的「效果」包括陰影、光暈、斜角與浮雕、緞面、羽化等效果，各位可以直接按 **fx.** 鈕下拉做選擇，也可以由下拉式清單鈕 ▤ 執行「效果」指令，再選擇其下的副選單。

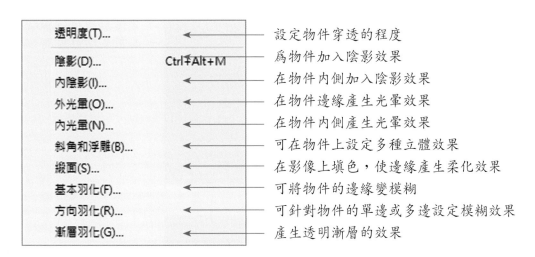

透明度(T)...	設定物件穿透的程度
陰影(D)... Ctrl+Alt+M	為物件加入陰影效果
內陰影(I)...	在物件內側加入陰影效果
外光暈(O)...	在物件邊緣產生光暈效果
內光暈(N)...	在物件內側產生光暈效果
斜角和浮雕(B)...	可在物件上設定多種立體效果
緞面(S)...	在影像上填色，使邊緣產生柔化效果
基本羽化(F)...	可將物件的邊緣變模糊
方向羽化(R)...	可針對物件的單邊或多邊設定模糊效果
漸層羽化(G)...	產生透明漸層的效果

不管下拉選擇哪一項效果，都會進入「效果」的設定視窗，只要勾選效果的名稱，就可以針對該效果進行設定，勾選「預視」的選項，即可在視窗之後看到設定的效果，而一個物件可同時擁有多個物件效果喔。

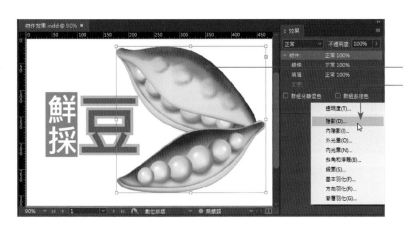

1. 點選要設定的物件
2. 按 **fx.** 鈕，下拉選擇「陰影」選項

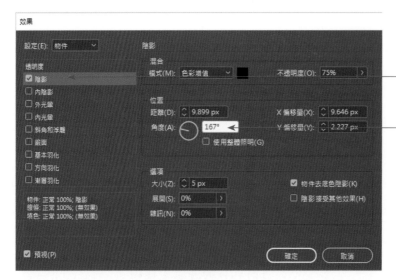

3. 點選「陰影」類別，即可由右側設定陰影的相關屬性

4. 設定陰影角度

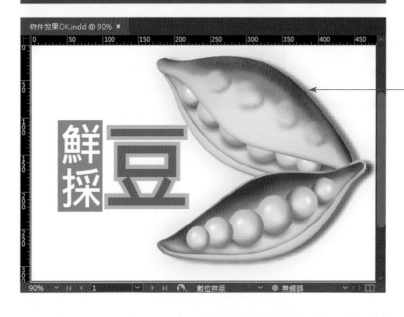

5. 勾選「外光暈」類別，並點選該選項

6. 由右側的屬性改變外光暈的大小與展開程度

7. 設定完成按「確定」鈕離開

8. 圖片同時擁有陰影與外光暈的效果

　　物件效果除了應用在圖片上，也可以應用在文字、填色、線條上。針對文字物件，可以將它視爲「物件」，也可以視爲「文字」來處理。如下圖所示：

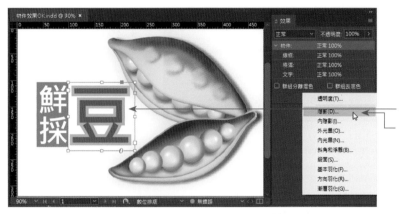

1. 點選此文字
2. 按 fx. 鈕，下拉選擇「陰影」選項

3. 文字也能套用到陰影效果（目前文字是以「物件」的方式來做設定）

　　現在請取消「陰影」選項的勾選，再由「設定」下拉選擇「文字」，也一樣可以爲文字加入陰影效果喔！我們延續上面的範例繼續進行設定。

1. 先取消「陰影」的選項勾選
2. 由「設定」下拉選擇「文字」

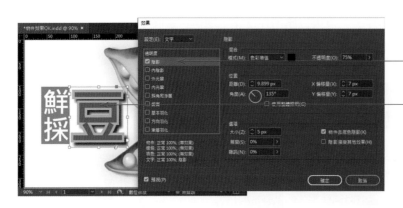

3. 勾選「陰影」選項

4. 視窗之後即可看到
文字加入陰影的效果
了！

一個文字框也可以同時設定多個效果。如下圖所示，「鮮採」的文字框同時做了「填色」與「文字」的效果設定。

2. 由「設」下拉選
擇「文字」，然後
加入「陰影」效果，
調整 XY 偏移量與陰
影大小

1. 由「設定」下拉
選擇「填色」，然後
加入「陰影」效果，
調整 XY 偏移量與陰
影大小

15-2 物件樣式面板

前面的章節中學會了物件效果的設定，不過該效果只能運在一張圖片上，如果編排的文件中有上百張插圖，想要套用相同的變化，那麼就得考慮使用「物件樣式」面板來處理。請執行「視窗／樣式／物件樣式」指令使開啟如下的「物件樣式」面板。

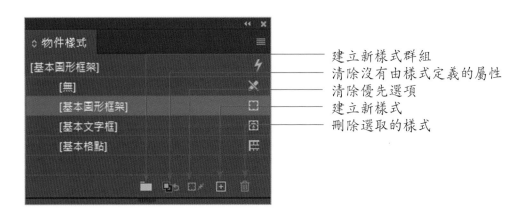

建立新樣式群組
清除沒有由樣式定義的屬性
清除優先選項
建立新樣式
刪除選取的樣式

15-2-1 建立物件樣式

要建立物件樣式，請先選取物件，再透過「建立新樣式」 ⊞ 鈕來新增樣式。

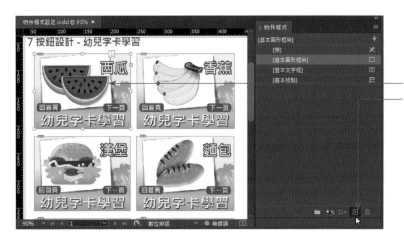

1. 先點選物件
2. 開啟「物件樣式」
面板，按此鈕建立
新樣式

3. 按滑鼠兩下於新增樣
式，使進入編輯視窗

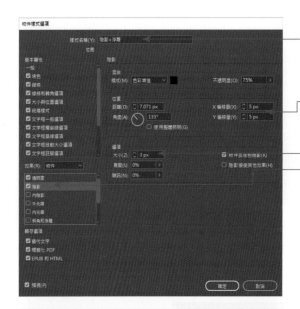

4. 輸入物件樣式的名稱

6. 設定陰影的偏移量

7. 設定陰影大小

5. 勾選「陰影」選項，並選取陰影選項

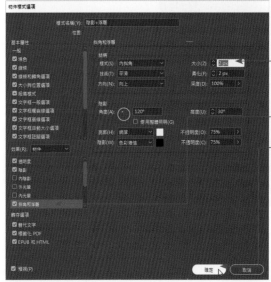

9. 由此設定斜角與浮雕的大小

8. 勾選「斜角與浮雕」的選項

10. 設定完成按下「確定」鈕離開

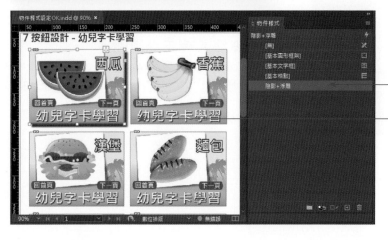

11. 物件樣式建立完成

12. 這裡顯示設定後的物件效果

建立物件樣式後如果需要修改它的屬性，直接按樣式的名稱兩下，即可進入原視窗做修正。

15-2-2 套用物件樣式

物件樣式建立後，只要依序點選其它的圖片，再點選物件樣式名稱，即可套用該樣式。

1.點選圖片

2.點選樣式名稱，即可套用效果

15-2-3 載入物件樣式

假如在其他文件檔中已經有設定好的物件樣式，那麼也可以考慮將物件效果載入進來使用，只要透過「物件樣式」面板進行載入即可。

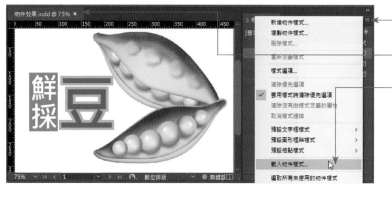

2.開啟「物件樣式」面板，按下此鈕

1.開啟編輯的文件檔

3.下拉選擇「載入物件樣式」指令

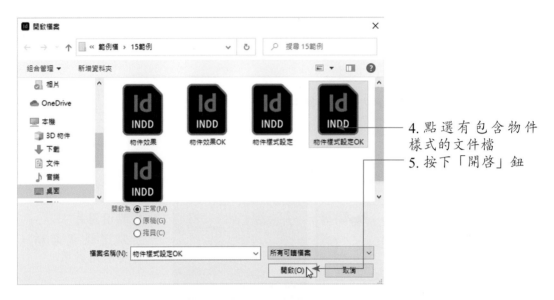

4.點選有包含物件樣式的文件檔

5.按下「開啟」鈕

7.按下「確定」鈕

6.勾選想要載入的樣式名稱

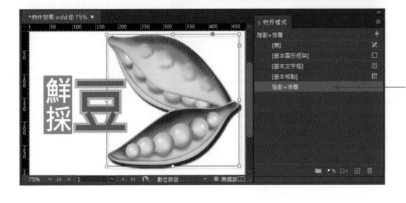

8.樣式載入進來了，點選即可套用物件樣式

第十六章　多頁文件與書冊排版設計實務

　　InDesign 除了可以做 DM、海報等單頁的廣告文宣編排外，它的最大特點就是可以做多頁的版面編排，甚至是書冊的排版，這是其他軟體所無法比擬的。因此各位絕對不要錯過此章的介紹。

16-1　認識頁面面板

　　多頁文件的排版主要是將文字、插圖等必要物件插入到文件中，透過美術編排人員的專業素養，為文件加入線條、色彩、色塊等裝飾性物件，讓文件能夠展現美的視覺感受。由於排版過程必須不斷地將圖、文依序插入到空白頁面中，因此「頁面」的管理就顯得很重要。善於管理頁面，就可以讓編排工作變得輕鬆簡單。請執行「視窗／頁面」指令使開啓「頁面」面板。

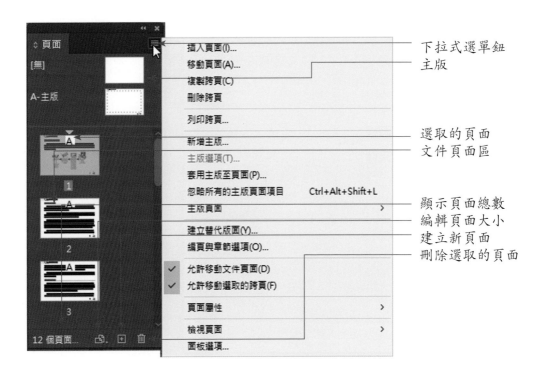

16-1-1　頁面選項設定

　　上面所看到的是「頁面」面板的預設狀態，如果希望調整頁面或主版縮圖的大小，或是面板的版面配置，可以由 ▦ 鈕下拉選擇「面板選項」指令，即可進入下圖視窗中做調整。

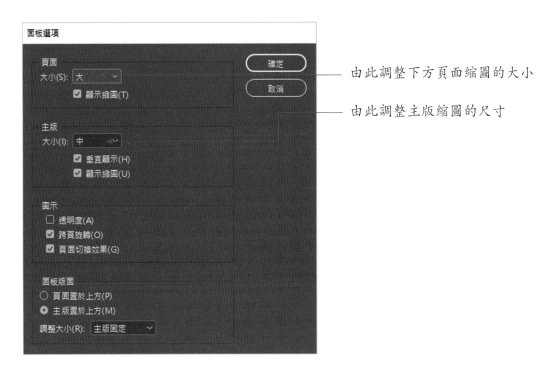

由此調整下方頁面縮圖的大小

由此調整主版縮圖的尺寸

16-1-2 使用主板

　　所謂「主版」就是文件的樣版，也就是說所有編排的頁面都是根據它的設定而產生。以書籍的編排來說，舉凡風格的設定，以及不易變動的書籍名稱、章名、頁碼、底色圖案等物件，都可以編排在主板當中。

　　一個文件裡容許有多個主版，就像電腦圖書裡會有章名頁、課後重點整理、課後習題等不同的版面。一旦插入空白頁面時，排版人員就可以根據需要而套用不同的主版版面。

預設文件都會有一個「A- 主版」，
提供使用者設定版面

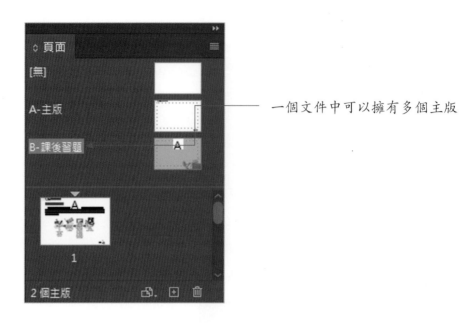

一個文件中可以擁有多個主版

想要編排主版時，只要按滑鼠兩下於主版的縮圖，即可進入主版的編輯狀態。如圖示：

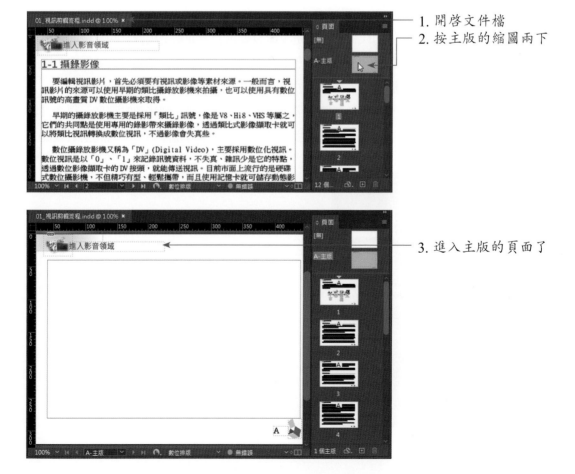

1. 開啟文件檔
2. 按主版的縮圖兩下

3. 進入主版的頁面了

進入主版後，可以依照前面章節介紹的方式，利用「檔案／置入」指令插入插圖，以「文字工具」 **T** 插入文字框與文字，或是利用圖形工具繪製圖形框架。就可以完成如上所示的主版頁面了。

16-2　編輯多頁文件

剛剛對於「頁面」面板有所認知後，接著來學習多頁文件的編輯。這裡將會介紹頁面的切換、主版的新增／套用、插入頁碼、編頁與章節選單等處理技巧，讓各位對於多頁文件的處理不再「心驚驚」。

16-2-1 版面切換

在編輯多頁文件時，如果需要切換到前後頁的頁面，可直接按滑鼠兩下於頁面縮圖，文件視窗就會自動顯示該頁面。

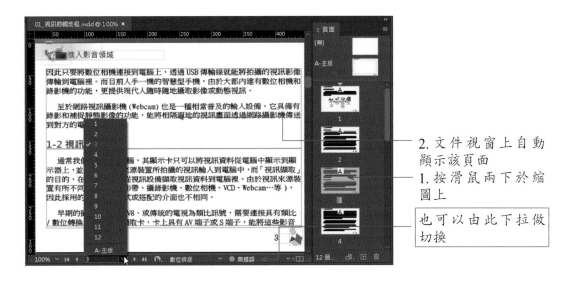

2.文件視窗上自動顯示該頁面

1.按滑鼠兩下於縮圖上

也可以由此下拉做切換

16-2-2 新增主板

在預設狀態下，每個文件都有一個主版可供編排設定，如果因為書冊的需要，想要再新增其它的主版，可由 **▤** 鈕下拉選擇「新增主版」指令，然後依照如下的方式做設定。

1. 開啟此文件

2. 由「頁面」面板下拉執行「新增主版」指令

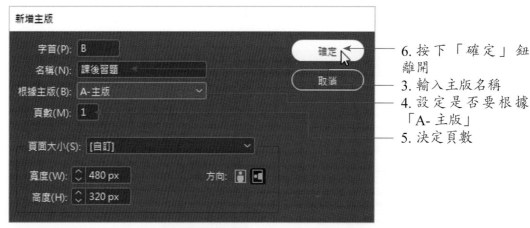

6. 按下「確定」鈕離開

3. 輸入主版名稱

4. 設定是否要根據「A- 主版」

5. 決定頁數

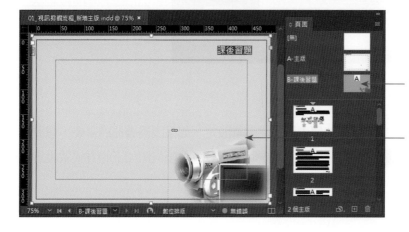

7. 顯示新增的「課後習題」主版

8. 自行插入圖文，完成所需的版面配置

　　建立後的主版如果確定不再使用，可按右鍵於縮圖上，再執行「刪除」指令，或是點選「頁面」面板下方的 🗑 鈕來刪除。

16-2-3 套用主板

各位若有設定主版時，預設狀態都會套用「A- 主版」的版面，如果有兩個以上的主版，那麼可利用拖曳或按右鍵的方式，來將選定的主版套用至指定的頁面。

➤ 使用拖曳方式

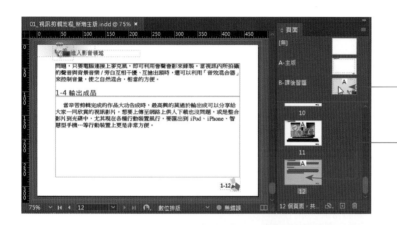

2. 點選此主版縮圖不放

1. 先按滑鼠兩下切換到要套用的頁面

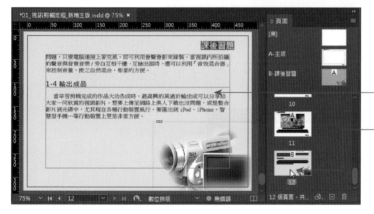

4. 頁面已套用了「課後習題」的主版

3. 將縮圖拖曳到該頁面中然後放開滑鼠

➤ 按右鍵套用主版

2. 按右鍵執行「套用主版至頁面」指令

1. 點選欲套用的頁面

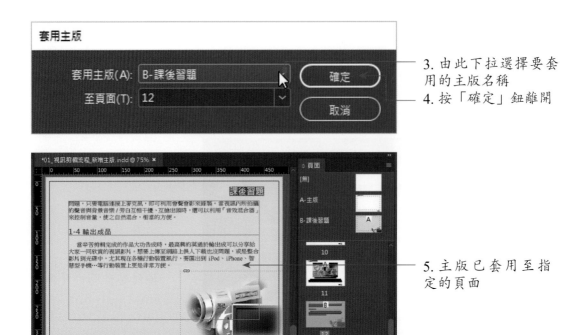

3. 由此下拉選擇要套用的主版名稱

4. 按「確定」鈕離開

5. 主版已套用至指定的頁面

16-2-4 新增已套入主版的頁面

在新增空白頁面時，也可以順道設定要套用的主版。套用方式如下：

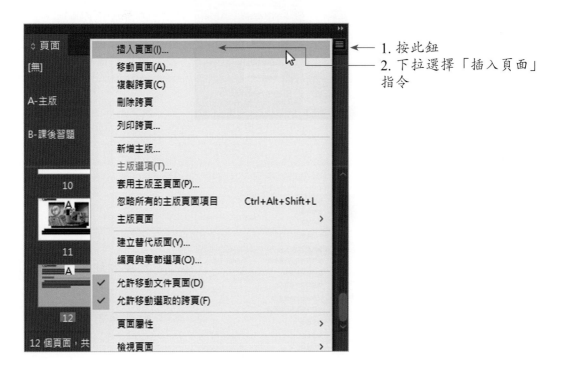

1. 按此鈕

2. 下拉選擇「插入頁面」指令

3. 設定要插入的頁數

6. 按下「確定」鈕離開

4. 設定要插入的位置

5. 選擇要套用的主版

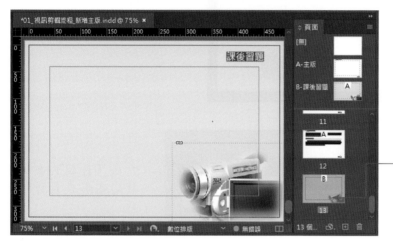

7. 新增的頁面已套用指定的主版面

16-2-5 插入頁碼

在設計多頁文件的主版時，通常都需要加入頁碼的設定。由於頁碼是因為頁面的多寡而變動，所以必須透過「文字／插入特殊字元／標記／目前頁碼」的指令來插入。插入的方式如下：

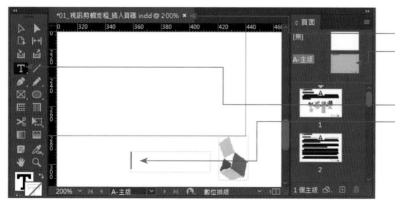

1. 開啟文件檔

2. 按滑鼠兩下於主版縮圖，使進入主版的編輯狀態

3. 點選「文字工具」

4. 至頁面上拖曳出頁碼文字的區域範圍，使顯示文字輸入點

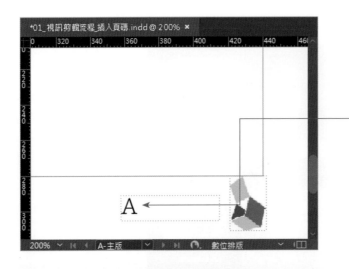

5. 執行「文字／插入特殊字元／標記／目前頁碼」指令，就會插入此符號

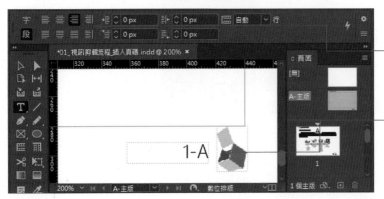

7. 由「控制」面板可設定字形或對齊的方式

6. 若要加入章節，可在「A」之前做設定

在主版完成如上的設定後，當切換到各頁面時，即可看到頁碼的標示了。如圖示：

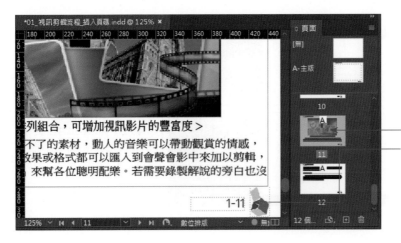

1. 按兩下切換頁面

2. 顯示該章次與頁碼

16-3　建立書冊

前面的章節中已經學會了使用主版來編輯多頁文件，接下來則要探討書冊的建立方式。各位都知道，一般書籍少則數十頁，多則上百頁，若整本書全部集中在一個檔案裡，不但編輯的效能減慢，完成的時間也會比較長。若能多人協同作業，分散檔案，這樣就能加快編輯的速度與完成的時程。不過，分章節所完成的文件檔，最後還是必須整合在一起，因此書冊的使用技巧不可不知。

16-3-1　新增書冊

要新增書冊，可透過「檔案 / 新增 / 書冊」指令來建立，設定方式如下：

1. 執行「檔案 / 新增 / 書冊」指令

2. 設定要存放的位置

3. 輸入書冊名稱

4. 按下「存檔」鈕離開

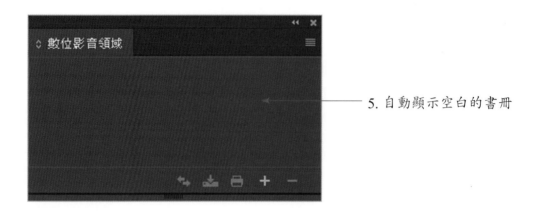

5. 自動顯示空白的書冊

16-3-2 書冊中加入文件

空白書冊建立後，接著要把文件檔依序加入到書冊當中。

1. 按此鈕新增文件

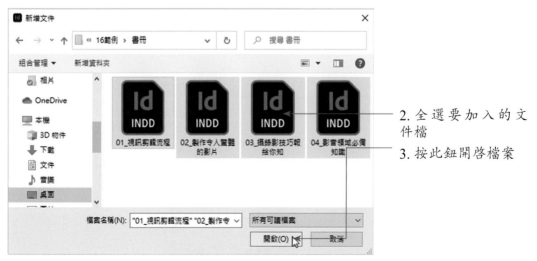

2. 全選要加入的文件檔

3. 按此鈕開啟檔案

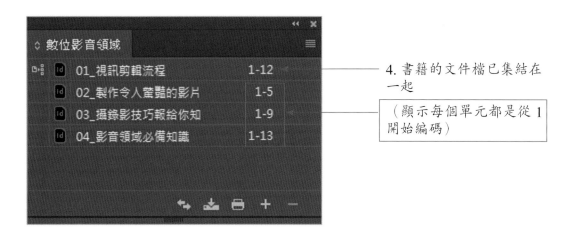

4. 書籍的文件檔已集結在一起

（顯示每個單元都是從1開始編碼）

　　加入文件檔後如需調整文件的先後順序，只要點選名稱不放，然後往上或往下做拖曳，即可變更順序喔！

16-3-3 以書冊開啓文件

　　剛剛已將相關的文件檔加入到書冊中，因此透過書冊面板，也可以將文件打開。

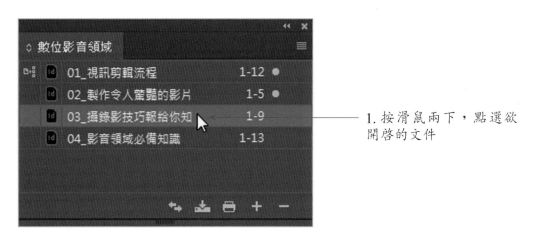

1. 按滑鼠兩下，點選欲開啓的文件

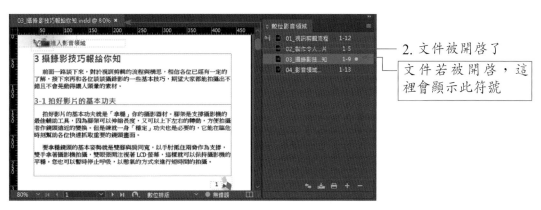

2. 文件被開啓了

文件若被開啓，這裡會顯示此符號

16-3-4 統一文件樣式

　　如果書冊中的文件檔是由多人一起作業而成，那麼最好在輸出前先做好統一樣式的動作，這樣才能確保整本書的統一感。像是字體集、段落樣式、字元樣式、顏色設定、線條設定、對齊方式等都包含在內。所以請預先決定要以哪個文件檔做爲標準，再執行以下的動作。

1. 於此處按下左鍵使出現此圖示，表示以此檔案做爲樣式來源
2. 按此鈕同步樣式與色票

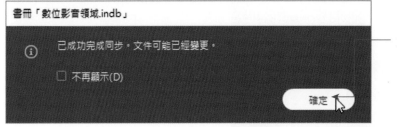

3. 出現此視窗，表示完成同步設定

　　文件修正後如果要儲存書冊，可直接在書冊面板下方按下 █ 鈕。如果想要設定同步的項目，可以透過書冊面板下拉選擇「同步選項」指令，進入下圖視窗再進行同步項目的勾選。

16-3-5 編輯書冊頁碼

在書籍頁碼設定方面，如果文件是以章名加上頁碼，那麼每一章從第 1 頁開始計算就沒有問題，如 2-1、3-1……等，若是頁碼是以累計的方式，那麼在書冊完成前，就必須利用書冊面板來對整本書的頁碼進行編輯。此處我們以累計的頁碼做說明。

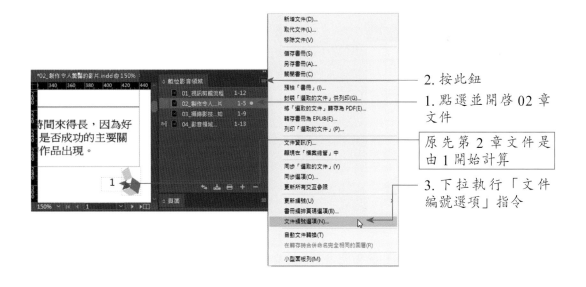

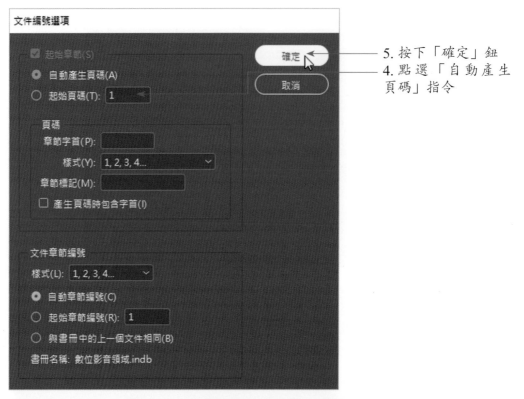

5. 按下「確定」鈕

4. 點選「自動產生
頁碼」指令

6. 頁碼變更了，已
延續上一個文件

透過上面的方式，就可以將整個書冊中的文件重新編頁完成。如圖示：

按此鈕儲存書冊

　　確定各章頁碼已接續前一章的頁碼，請按下  鈕儲存書冊，並依序儲存各章的文件檔，這樣才算完成重新編碼的工作。

　　如果是對頁的文件，需要指定開始的頁碼為奇數或偶數時，可由「書冊」面板右上角的 ▤ 鈕下拉選擇「書冊編排頁碼選項」，再由該對話框中進行頁序的設定。

16-4 製作目錄

　　透過書冊功能串接文件後，最後還必須製作目錄，這樣讀者才可以透過目錄的大小標題來快速找到想了解的主題。為了加快編輯的速度，可先儲存一個「目錄 .indd」的文件檔，同時將檔案新增到「書冊」面板中，如圖示：

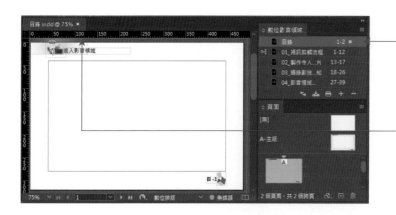

2. 由書冊面板插入新文件，並將插入的「目錄」放置在最前面，並確定「目錄.indd」文件已被開啟

1. 新增一個空白的「目錄.indd」文件檔

16-4-1 建立目錄與目錄樣式

建立目錄主要是利用「版面／目錄」指令，也可以一併設定所需的目錄樣式。其設定方式如下：

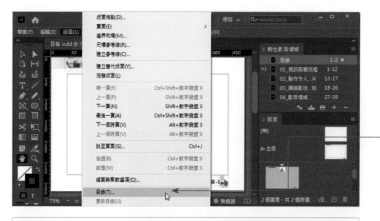

1. 執行「版面／目錄」指令使進入下圖視窗

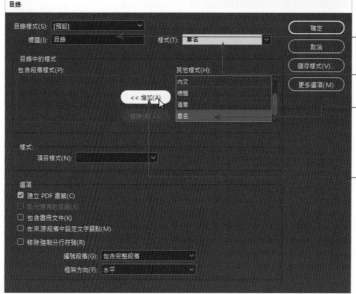

2. 輸入標題名稱「目錄」

3. 設定標題所要套用的樣式

4. 點選「章名」（這是自己文件中所設定的段落樣式）

5. 按此鈕新增到左側欄位

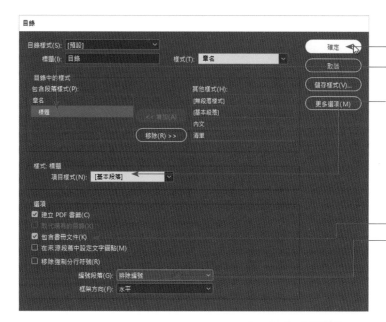

10.按下「確定」鈕離開

6. 依序增加「標題」的段落樣式到左側欄位中

7. 分別點選上方的「章名」與「標題」段落樣式，由此處分別將「章名」套用「標題」的項目樣式，而「標題」則套用「基本段落」的項目樣式

8. 勾選「包含書冊文件」

9. 下拉選擇「排除編號」，那麼原先設定樣式中若有包含項目符號的樣式就會排除掉

11.當滑鼠形狀變成文字串時按下左鍵，即可看到章名與標題已顯示在「目錄」文件中

12.按溢排符號，將剩下的目錄依序安排到下一頁

　　加入章節標題與頁碼後，現在可以透過「文字／定位點」功能來加入前置字元。設定方式如下：

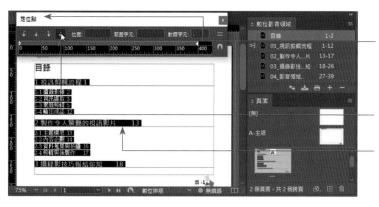

1. 執行「文字／定位點」指令使開啟「定位點」面板

3. 按此鈕選擇「齊右定位點」

2. 全選所有目錄大的小標題

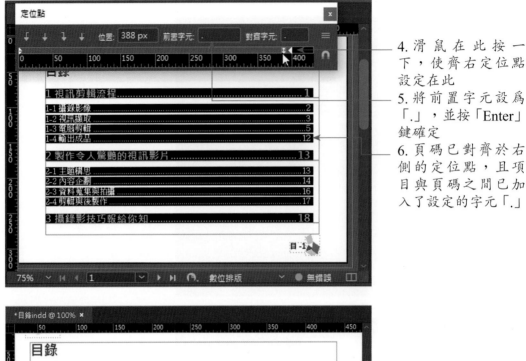

4. 滑鼠在此按一下，使齊右定位點設定在此

5. 將前置字元設為「.」，並按「Enter」鍵確定

6. 頁碼已對齊於右側的定位點，且項目與頁碼之間已加入了設定的字元「.」

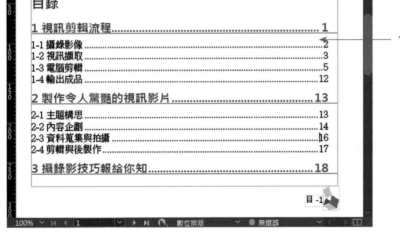

7. 顯示完成的效果

16-4-2 更新目錄

　　目錄通常都是在作者或編者校完稿件後才開始製作。如果章節的編號順序有誤，那麼從目錄裡就可以看的一清二楚。若製作完目錄後還有發現錯誤，通常都是由各章節的文件中做修正，修正後再從「目錄」文件中，執行「版面／更新目錄」指令來更新目錄。

第十七章　檔案輸出與轉存

文件或書冊編排完成後，最後的目的就是做輸出或轉存，這樣才能夠送印刷廠製版印刷或是轉存成網頁形式，以便發佈至網站。

17-1 準備工作

書冊或文件在輸出前，有些準備的工作不可不知，因為在輸出前一定要確定文件或書冊都正確無誤，否則東漏西缺就會延誤出版的時程。

17-1-1 檔案預檢與修正

假如出版的是書冊，那麼在建立書冊後，可透過書冊面板來預檢檔案。

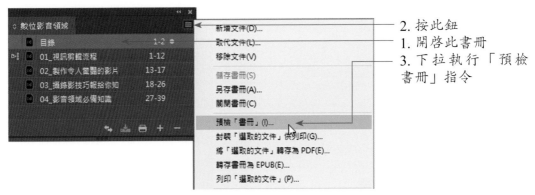

2. 按此鈕
1. 開啟此書冊
3. 下拉執行「預檢書冊」指令

4. 點選「整本書冊」的範圍

5. 按下「預檢」鈕

6. 文件若都沒有問題，就會顯示綠鈕，若有問題則會顯示紅鈕

如果文件有問題，可在書冊面板上按滑鼠兩下開啟文件來編修。通常文件檔若有錯誤，在文件下方就可看到端倪。如下圖所示，文件下方告訴我們有一個錯誤。

這裡顯示一個錯誤

如果檔案有錯誤，請執行「視窗 / 輸出 / 預檢」指令，使開啟「預檢」面板來了解錯誤的地方，然後再依照指示編修文件。

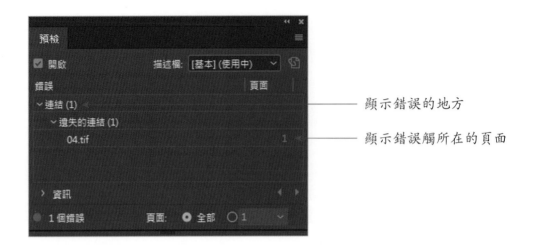

———— 顯示錯誤的地方

———— 顯示錯誤觸所在的頁面

17-1-2 分色預視

　　對於印刷出版的文件，通常一開始就會將文件設定為「列印」，圖檔也會預先轉換成 CMYK 的模式，因此在進行分色時就不會出現問題。如果原先文件並非設定為印刷出版，或是原有文件中有包含特別色，那麼在出版時就要考慮將特別色轉換成印刷色。請執行「視窗 / 輸出 / 分色預視」指令開啓「分色預視」面板，然後進行如下的轉換動作：

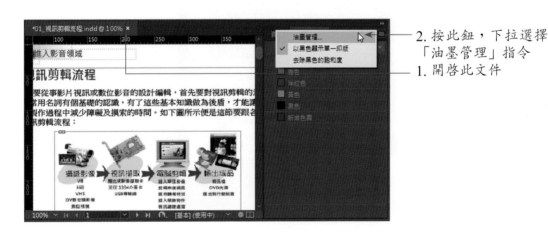

———— 2.按此鈕，下拉選擇
「油墨管理」指令

———— 1.開啓此文件

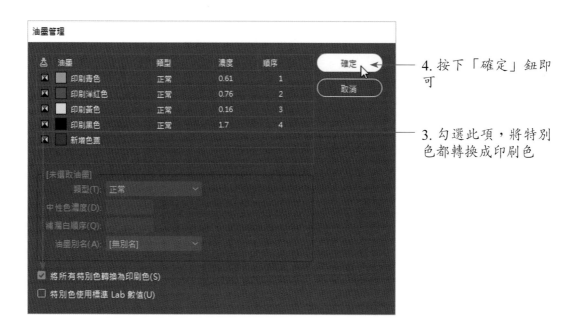

4. 按下「確定」鈕即可

3. 勾選此項,將特別色都轉換成印刷色

請同上方式將書冊中的文件一一做變更。

17-1-3 封裝書冊／文件供列印

　　書冊預檢並修正後,現在可以準備封裝書冊,以便做列印之用。使用封裝功能,InDesign 會自動將所有連結的檔案、字型全部整理在一個新的資料夾中,以方便排版人員交付給印刷輸出中心。

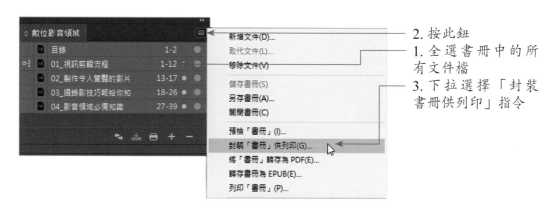

2. 按此鈕

1. 全選書冊中的所有文件檔

3. 下拉選擇「封裝書冊供列印」指令

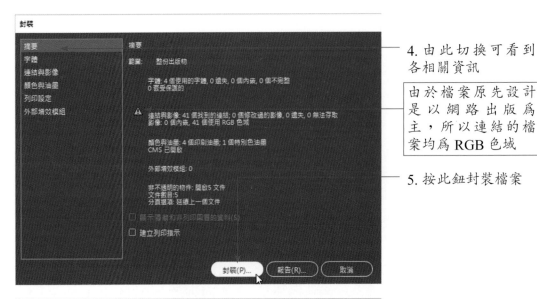

4. 由此切換可看到各相關資訊

由於檔案原先設計是以網路出版為主，所以連結的檔案均為RGB色域

5. 按此鈕封裝檔案

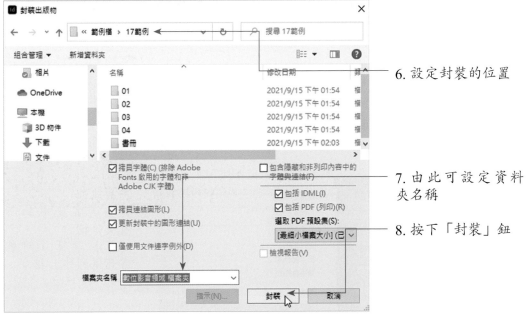

6. 設定封裝的位置

7. 由此可設定資料夾名稱

8. 按下「封裝」鈕

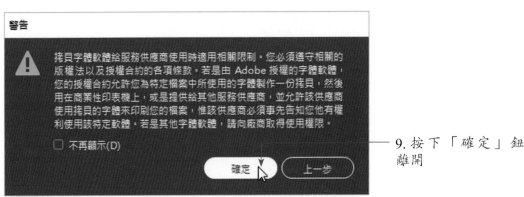

9. 按下「確定」鈕離開

開啟該資料夾，即可看到所有字型、連結檔案和文件檔。

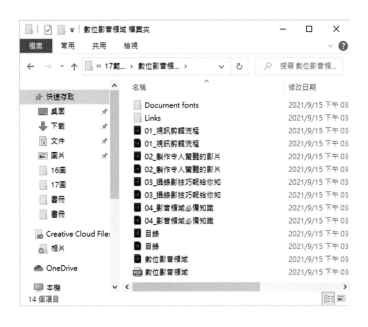

如果要封裝的只是單一文件而非書冊，那麼開啟文件後執行「檔案 / 封裝」指令，也一樣可以進入封裝的過程。如圖示：

1. 開啟文件檔，執行「檔案 / 封裝」指令
2. 進入封裝過程

17-2 輸出 PDF 檔案

PDF（Portable Document Format）是 Adobe 公司所開發的一種文件交換格式，它可以完整保留文件的原貌，不受跨平台的影響，在桌面出版流程上相當受歡迎。

17-2-1 書冊輸出成 PDF 簡報模式

完成的書冊若要輸出成 PDF 簡報模式，可透過書冊面板來執行輸出。設定方式如下：

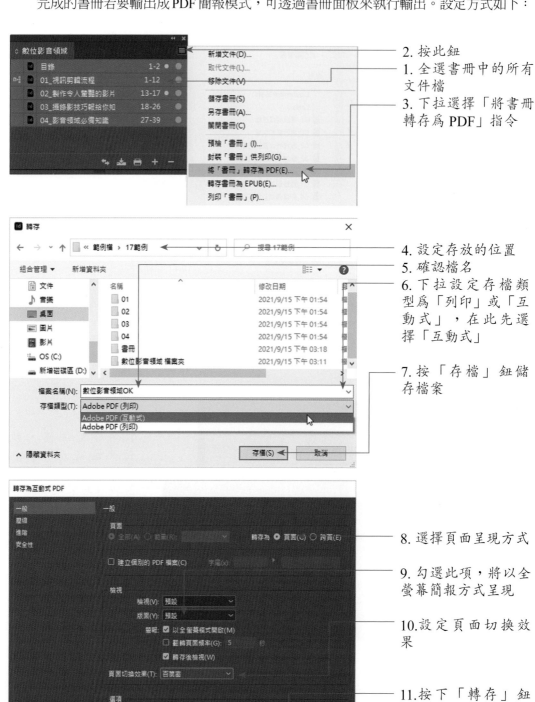

2. 按此鈕

1. 全選書冊中的所有文件檔

3. 下拉選擇「將書冊轉存為 PDF」指令

4. 設定存放的位置

5. 確認檔名

6. 下拉設定存檔類型為「列印」或「互動式」，在此先選擇「互動式」

7. 按「存檔」鈕儲存檔案

8. 選擇頁面呈現方式

9. 勾選此項，將以全螢幕簡報方式呈現

10. 設定頁面切換效果

11. 按下「轉存」鈕離開

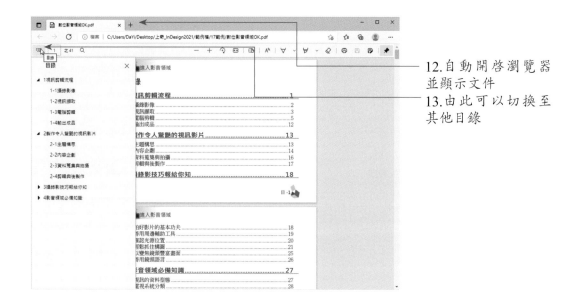

12.自動開啓瀏覽器並顯示文件

13.由此可以切換至其他目錄

17-2-2 文件轉存成 Adobe PDF 列印

　　若完成的只是單一個文件檔，想要將文件輸出成 PDF 列印。那麼請利用「檔案／Adobe 預設集」指令，再選擇要輸出的列印品質。

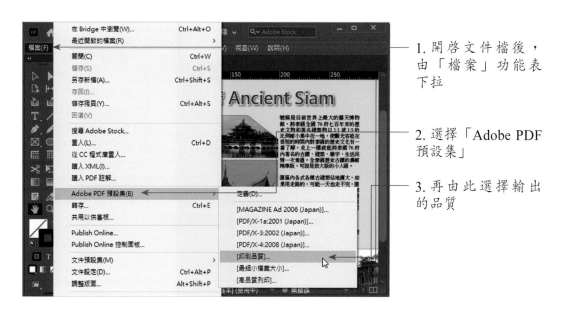

1.開啓文件檔後，由「檔案」功能表下拉

2.選擇「Adobe PDF 預設集」

3.再由此選擇輸出的品質

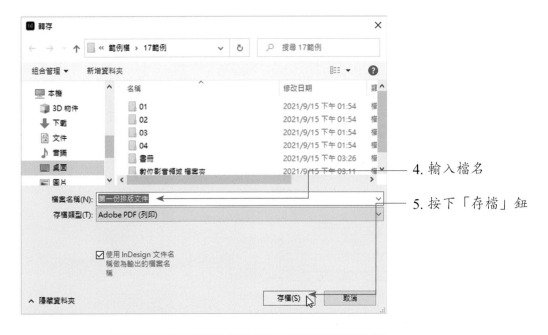

4. 輸入檔名

5. 按下「存檔」鈕

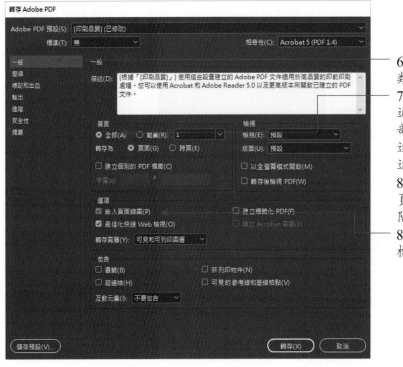

6. 切換到「一般」類別

7. 設定頁面範圍，通常設定為「全部」，若只是部分連續的頁面，可用連接線來連接，如：8-12，若是不連續的頁面，則用逗號分隔，如：1,5,12。

8. 設定輸出後 PDF 檔案的相關設定

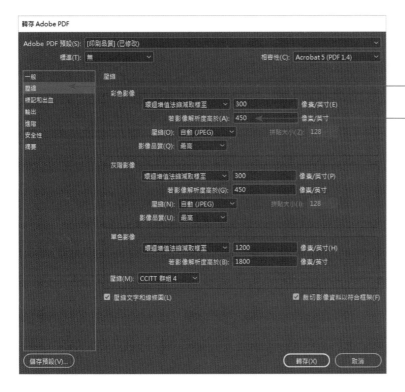

9.切換到「壓縮」類別

10.設定重新取樣的方式。其中的「平均縮減取樣至」適用於一般桌上型印表機，而「環迴增值法縮減取樣至」則用於印刷輸出，其取樣得的速度最慢，效果最精確

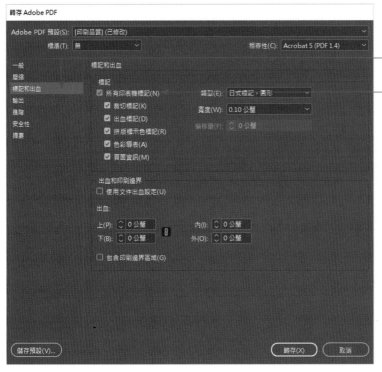

11.切換到「標記和出血」類別

12.設定印刷出版常用的標記或出血是否要顯示出來

13.切換到「輸出」類別

14.設定轉存的 PDF 檔案以何種方式呈現色彩資訊

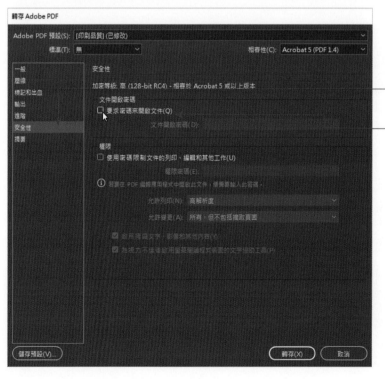

15.切換到「安全性」類別

16.如需加密，可由此設定密碼，以便限定使用者的權限

17.「摘要」類別顯示所有設定的選項內容

18.設定完成按「轉存」鈕儲存文件

完成如上設定後，按滑鼠兩下開啟該 PDF 圖示，即可看到如下的結果。

17-3 列印輸出

　　當排版文件設定完成，通常都必須經過著作者或編輯人員進行校對，一方面可以將排版上的錯誤訂正過來，二來還可以針對原先文稿不流暢的地方加以潤飾。要讓作者或編輯人員可以看到文件內容，而且可以加註錯誤，列印是最佳的選擇。另外輸出列印的 DM 文宣，也能夠方便設計者與客戶之間的溝通。因此對於印刷的設定不可不知。要列印文件，請執行「檔案 / 列印」指令，然後跟著以下的步驟進行設定。

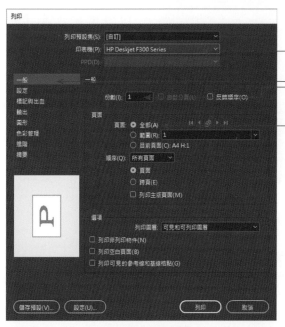

2. 下拉選擇印表機機種
1. 切換到「一般」類別
3. 設定列印份數
4. 設定列印的範圍

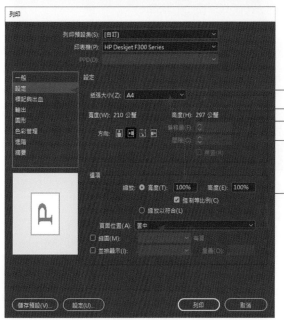

5. 切換到「設定」類別
6. 設定紙張大小
7. 設定列印方向
8. 如果文件大於紙張大小，可由此縮放文件比例
9. 設定頁面放置位置

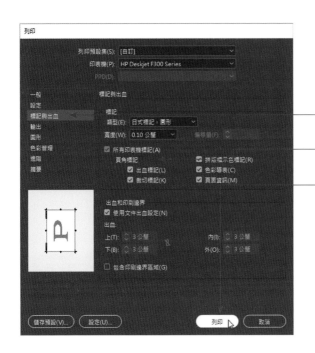

10.切換到「標記與出血」類別

11.勾選此項，可在文件中為列印出印表機的所有標記

12.設定完成按下「列印」鈕離開，就會開始列印文件

17-4 轉存為 IDML 格式

　　IDML 是 InDesign 的標記語言，主要用在高低版本的交換，像是 2021 版本中的排版檔，若要在先前的版本中開啟，就可以利用「檔案／轉存」指令，轉存成 *.idml 的格式，這樣在低版本中只要開啟 IDML 文件，就會自動將檔案轉換成未命名的 InDesign 文件檔。

1.開啟文件檔

2.執行「檔案／轉存」指令

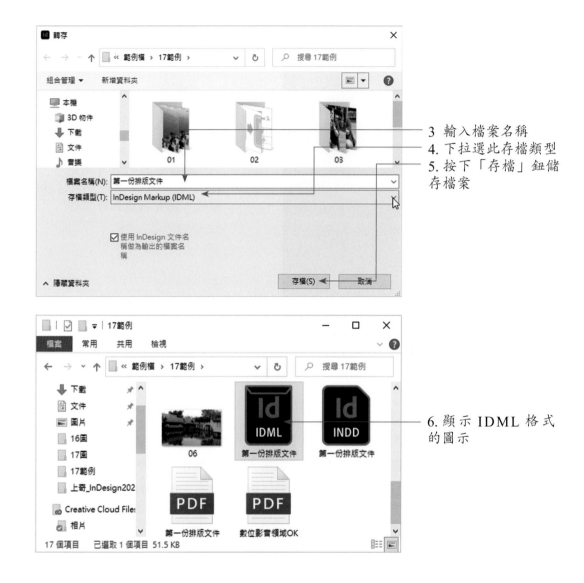

3 輸入檔案名稱

4. 下拉選此存檔類型

5. 按下「存檔」鈕儲存檔案

6. 顯示 IDML 格式的圖示

17-5 轉存為 HTML 網頁格式

　　以 InDesign 排版的文件檔，也可以透過「檔案 / 轉存」指令轉存成 HTML 的網頁格式，不過轉存後原先設定的字元樣式或段落樣式將無法顯現。若是轉存後的檔案是要與 Dreamweaver 網頁編輯器做整合，那麼建議圖文的命名最好不要使用中文。另外複雜的圖文編排在轉換成 HTML 格式後，也有可能出現圖文大搬風的情況喔！

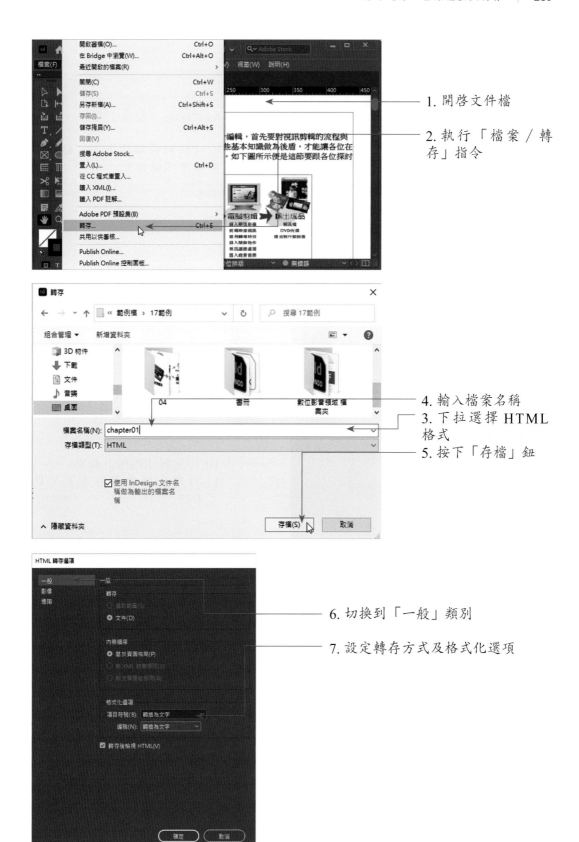

1. 開啟文件檔

2. 執行「檔案 / 轉存」指令

4. 輸入檔案名稱

3. 下拉選擇 HTML 格式

5. 按下「存檔」鈕

6. 切換到「一般」類別

7. 設定轉存方式及格式化選項

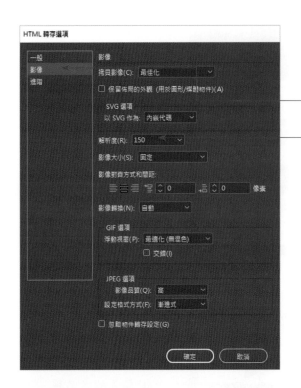

8. 切換到「影像」類別

9. 可針對影像的大小、對齊、轉換方式做設定

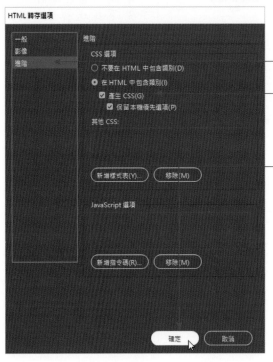

10. 切換到「進階」類別

11. 勾選此項會保留原有的樣式名稱

12. 設定完成按下「確定」鈕離開

13.自動開啟瀏覽器，並顯示轉存後的網頁內容

1 視訊剪輯流程

　　想要從事影片視訊或數位影音的設計編輯，首先要對視訊剪輯的流程與相關常用名詞有個基礎的認識，有了這些基本知識做為後盾，才能讓各位在影片製作過程中減少障礙及摸索的時間。如下圖所示便是這節要跟各位探討的視訊剪輯流程：

1-1 攝錄影像

　　要編輯視訊影片，首先必須要有視訊或影像等素材來源。一般而言，視訊影片的來源可以使用早期的類比攝錄放影機來拍攝，也可以使用具有數位訊號的高畫質DV數位攝影機來取得。

　　早期的攝錄放影機主要是採用「類比」訊號，像是V8、Hi8、VHS等屬之，它們的共同點是使用專用的錄影帶來攝錄影像，透過類比式影像擷取卡就可以將類比視訊轉換成數位視訊，不過影像會失真些。

　　數位攝錄放影機又稱為「DV」(Digital Video)，主要採用數位化視訊。數位視訊是以「0」、「1」來記錄訊號資料，不失真、雜訊少是它的特點，透過數位影像擷取卡的DV接頭，就能傳送視訊。目前市面上流行的是硬碟式數位攝影機，不但輕巧易型、輕鬆攜帶，而且使用記憶卡就可儲存動態影像，拍攝完畢後也能快速將影片複製到DVD或電腦中，相當的便利。

　　除了類比或數位攝錄影機外，現今流行的數位相機不單只是拍攝單一張的影像，也具有錄影的功能，而且所拍攝的影像或視訊是存放在記憶卡中，因此只要將數位相機連接到電腦上，透過USB傳輸線就能將拍攝的視訊影像傳輸到電腦中。而目前人手一機的智慧型手機，由於大都內建數位相機和錄影的功能，更提供現代人隨時隨地攝取影像或動態視訊。

　　至於網路視訊攝影機(Webcam)也是一種相當普及的輸入設備，它具備有錄影和擷捉靜態影像的功能，能將相隔兩地的視訊畫面透過網路攝影機傳送到對方的電腦上。

1-2 視訊擷取

　　通常我們所使用的電腦，其顯示卡只可以將視訊資料從電腦中顯示到顯示器上，並無法將視訊來源裝置所拍攝的視訊輸入到電腦中，而「視訊擷取」的目的，在於讓使用者從視訊設備擷取視訊資料到電腦裡。由於視訊來源裝置有所不同(諸如：錄影帶、攝錄影機、數位相機、VCD、Webcam…等)，因此採用的視訊擷取方式或搭配的介面也不相同。

　　早期的攝錄放影機、V8、或傳統的電視為類比訊號，需要連接具有類比/數位轉換功能的影像擷取卡，卡上具有AV端子和S3端子，能將這些影音來源裝置輸出的影像擷取下來，使影像訊號輸入到電腦中。由於視訊影片所佔的檔案容量通常都很大，如果沒有經過壓縮就直接擷取到硬碟時，會佔掉太多的硬碟空間，也會讓影片的剪輯時間變長，所以通常都會對要擷取的影片進行壓縮的動作。使用者可以選擇採用「軟體壓縮」方式的擷取卡，它的價格較便宜，但其擷取及壓縮的速度會依主機系統的等級而定。若擷取卡本身就具有可以進行重新編碼及壓縮的晶片，這就是所謂的「硬體壓縮」方式，它的擷取速度會比較快，但是價格也較高。

第十八章　互動式電子書

使用 InDesign 做頁面排版，除了傳統的印刷排版文件，現在也可以製作互動式的電子文件。各位可以在文件中加入超連結，以便連結到其他網站或文件中的頁面，或是加入按鈕做頁面連結、頁面加入書籤、還可以為頁面加入切換的效果，讓 PDF 檔案也可以呈現互動式的效果。

以往在 InDesign 14.0.3 以前的版本還可以在文件中加入影片和聲音，然後透過控制器的選項來播放影片，現在文件轉存成互動式的 PDF，則無法觀看影片和聲音，所以製作互動式電子書時要特別注意。這個章節就針對這些主題來做說明，讓各位編排的文件也能讓瀏覽者產生耳目一新的感受。

18-1　內外超連結設定

要在文件中加入超連結，主要是利用「超連結」面板來設定，請執行「視窗 / 互動 /超連結」指令使開啟「超連結」面板。

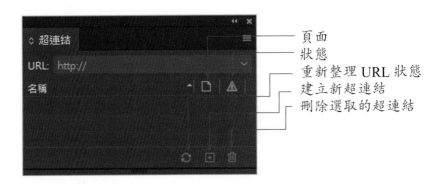

頁面
狀態
重新整理 URL 狀態
建立新超連結
刪除選取的超連結

18-1-1　連結外部網站

想要透過物件連結到外部網頁，可以在選取物件後，利用「超連結」面板來建立超連結。設定方式如下：

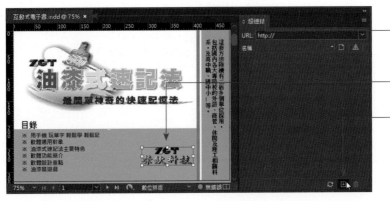

1. 開啟此文件，並切換到第一個頁面

2. 點選要作超連結的物件

3. 由「超連結」面板上按下「建立新超連結」鈕

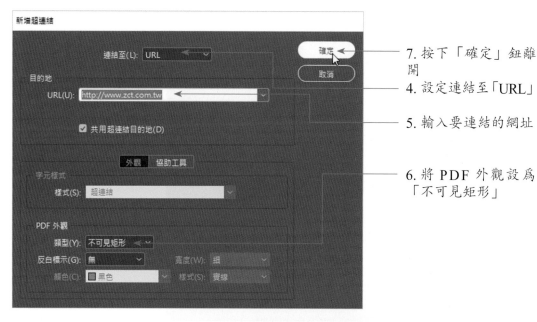

7. 按下「確定」鈕離開

4. 設定連結至「URL」

5. 輸入要連結的網址

6. 將 PDF 外觀設為「不可見矩形」

9. 按此鈕可開啟該 URL 位址

8. 完成超連結的設定

18-1-2 以文字連結文件頁面

　　假如想透過文字連結到文件中的其他頁面，一樣是透過「超連結」面板來建立連結。這裡以第一頁「目錄」的 7 個主題做說明，設定方式如下：

1. 點選此標題文字

2. 按此鈕建立新超連結

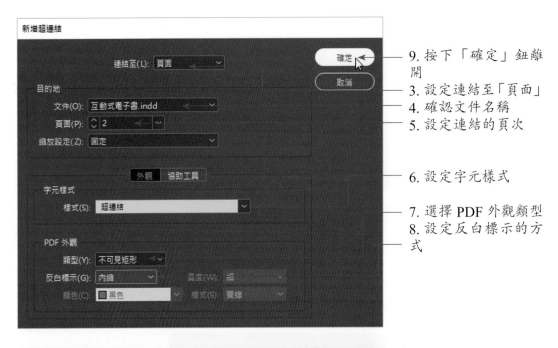

9. 按下「確定」鈕離開

3. 設定連結至「頁面」
4. 確認文件名稱
5. 設定連結的頁次

6. 設定字元樣式

7. 選擇 PDF 外觀類型
8. 設定反白標示的方式

按此鈕會前往目的地

10.顯示超連結的下底線

11.同上方式，完成所有標題的連結

　　由於轉存 PDF 格式後才可以看到最後的成果，因此若要檢測連結的檔案是否正確，可透過「超連結」面板的「狀態」⚠ 欄來測試檔案連結是否正確。

18-1-3　以圖形連結文件頁面

　　前面的範例中，透過目錄的標題字可以順利地前往該頁面，但是看完內容後想返回目錄，卻沒有超連結可以回去，因此建議在每個頁面上最好加入一個可以回首頁的超連結，這樣瀏覽者才可以輕鬆往返於目錄與主題之間。

　　由於每一頁都必須要插入「回首頁」的按鈕，因此可以考慮將按鈕加諸在「主板」上，這樣只要設定一個頁面就可以搞定所有「回首頁」鈕的連結。

　　➢ 置入「回首頁」鈕至主板中

1. 開啟「頁面」面板，按滑鼠兩下使切換到「A- 主板」
2. 執行「檔案／置入」指令

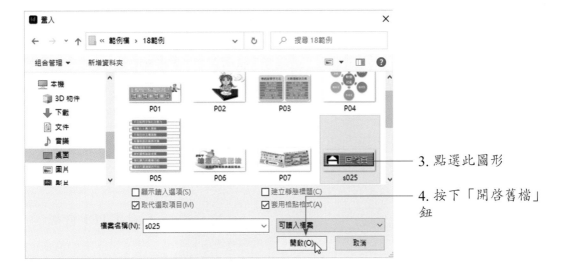

3. 點選此圖形

4. 按下「開啟舊檔」鈕

5. 將圖形置於右下角處

> 加入超連結

1. 點選此按鈕

2. 按下此鈕建立新超連結

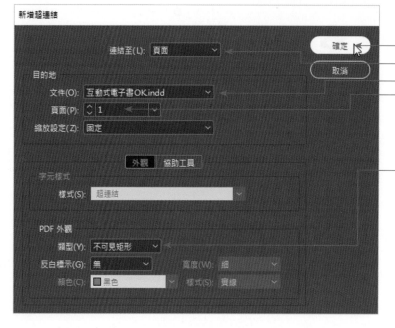

7. 按下「確定」鈕

3. 設定連結到「頁面」

4. 選擇文件

5. 選取目錄所在的頁面

6. 設定 PDF 外觀

18-2　書籤製作

「書籤」的作用和超連結差不多，就是讓瀏覽者能夠快速切換 PDF 頁面。想要透過書籤讓瀏覽者知道每個頁面的標題，你可以透過以下方式來處理。

18-2-1　書籤的新增與刪除

要新增書籤請執行「視窗 / 互動 / 書籤」功能，使開啟「書籤」面板。

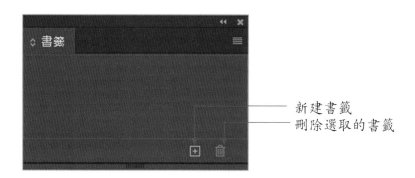

　　　　　　　　　　　　　　　　　— 新建書籤
　　　　　　　　　　　　　　　　　— 刪除選取的書籤

建立書籤時只要選取頁面標題文字，再由「書籤」面板新建書籤就可搞定。

— 1. 點選「文字工具」
— 2. 切換到第 1 頁，選取標題文字
— 3. 按此鈕新增書籤

— 4. 建立了第一個書籤
— 5. 依序切換到第 2 頁，並點選標題字
— 6. 依序按此鈕建立各頁面的書籤

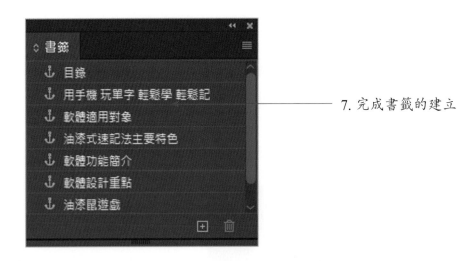

7. 完成書籤的建立

18-2-2 瀏覽書籤內容

書籤建立後，在書籤面板上直接按滑鼠兩下於書籤標題，即可快速切換至該頁面，或是面板下拉選擇「跳至選取的書籤」，即可瀏覽該頁面的內容。

18-3 製作互動式按鈕

在 InDesign 中也有「按鈕」的功能，可針對滑鼠按下、移入、移開或輕觸時做出跳頁、前往 URL、播放影片、動畫、開啟檔案、列印表格等各種動作，這些動作皆可透過「按鈕與表格」面板來處理。

18-3-1 按鈕的事件與動作設定

請將頁面切換到第 6 頁，先置入「按鈕 .png」圖片使畫面安排如下，然後進行按鈕的事件與動作設定。

1. 執行「檔案／置入」指令插入「按鈕.png」圖檔

3. 執行「視窗／互動／按鈕與表格」指令開啟面板

4. 下拉選擇「按鈕」類型

2. 點選此圖形物件

5. 輸入按鈕名稱

6. 設定事件為「按下滑鼠」，以便當滑鼠按下時可觸發指定的動作

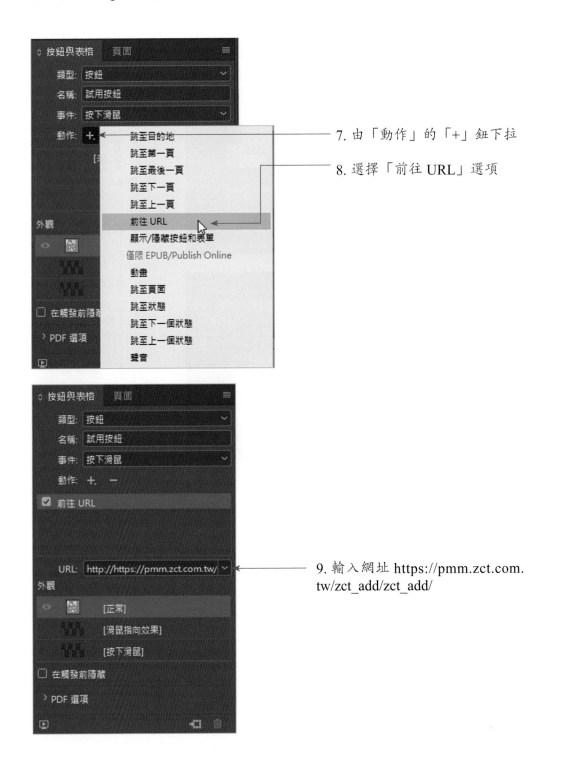

7. 由「動作」的「+」鈕下拉

8. 選擇「前往 URL」選項

9. 輸入網址 https://pmm.zct.com.tw/zct_add/zct_add/

18-3-2 EPUB 互動性預覽

　　前面我們在電子書中加入具有互動性的物件後，可以透過「視窗 / 互動 / EPUB 互動性預覽」指令，開啟如圖的面板來預覽電子書的效果。

1. 滑鼠按下此按鈕

2. 顯示連結的網站

　　預覽視窗下面提供一排的控制按鈕，只要按下 ▶ 鈕，就能預覽目前編輯中的頁面動態效果。

18-4　頁面切換效果

　　製作互動式的 PDF 檔時，還可以利用「頁面切換效果」面板來設定前／後頁面之間的換頁變化。請執行「視窗／互動／頁面切換效果」指令開啟「頁面切換效果」面板。

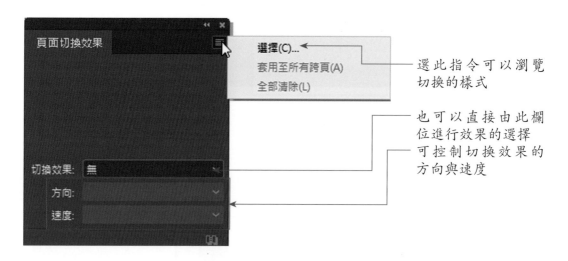

選此指令可以瀏覽切換的樣式

也可以直接由此欄位進行效果的選擇

可控制切換效果的方向與速度

各位可以為文件套用同一種頁面切換效果，也可以設定每個頁面都有不同的換頁方式。若要每頁都有不同的切換效果，請依照下面的方式做設定。

1. 開啓「頁面」面板
2. 按滑鼠兩下使切換到第 1 頁

3. 下拉選擇第 1 頁要套用的切換效果
4. 設定速度的快慢

　　　　　　　　6.依序由此設定切
　　　　　　　　　換效果
　　　　　　　　5.依序按滑鼠兩下
　　　　　　　　　切換到 2、3……7 頁

18-5　轉存互動式 PDF

　　透過「視窗 / 互動」的各項功能指令完成互動式的文件後，最後就是透過「檔案 / 轉存」指令將檔案轉存成互動式的 PDF 格式。設定方式如下：

　　　　　　　　1.文件設定完成後，
　　　　　　　　　執行「檔案 / 轉存」
　　　　　　　　　指令

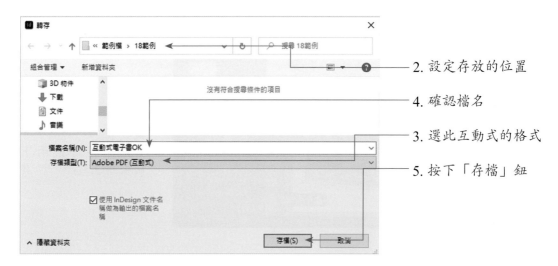

2. 設定存放的位置

4. 確認檔名

3. 選此互動式的格式

5. 按下「存檔」鈕

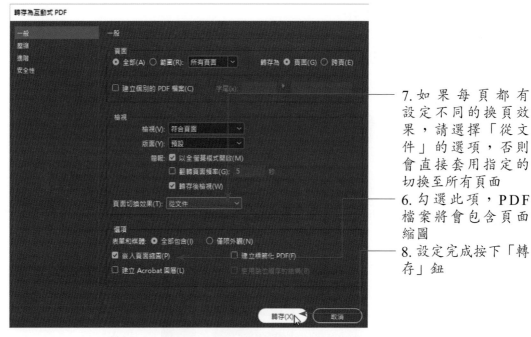

7. 如果每頁都有設定不同的換頁效果，請選擇「從文件」的選項，否則會直接套用指定的切換至所有頁面

6. 勾選此項，PDF檔案將會包含頁面縮圖

8. 設定完成按下「轉存」鈕

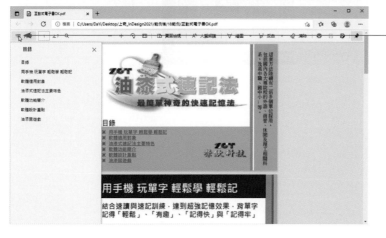

9. 轉存後以Google Chrome瀏覽器開啟，可以透過書籤、文字連結或圖片連結進行內容的瀏覽

18-6 產生 QR 碼

QRcode 是目前智慧型手機中所支援的一項服務，透過 QRcode 的方形圖案，瀏覽者就可以快速連結到指定的類型，諸如：網頁超連結、純文字、文字訊息、電子郵件、或名片。在 InDesign 裡，想在電子文件中加入 QRcode 是件容易的事，執行「物件 / 產生 QR 碼」指令即可在文件中產生 QRcode。

1. 執行「物件 / 產生 QR 碼」指令使進入下圖視窗

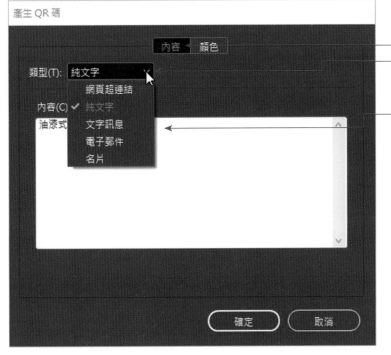

2. 切換到「內容」

3. 下拉選擇類型，這裡以「純文字」類型作示範

4. 輸入文字內容

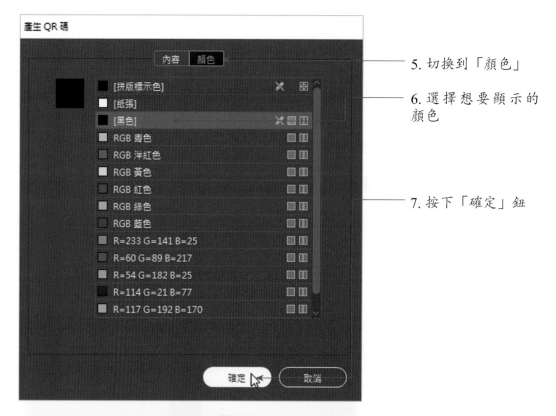

5. 切換到「顏色」

6. 選擇想要顯示的顏色

7. 按下「確定」鈕

8. 產生 QR 碼了

18-7 線上發佈文件——Publish Online

製作完成的電子文件，可以考慮透過「Publish Online」指令，將文件發佈到網際網路上。

1. 執行「檔案 / Publish Online」指令

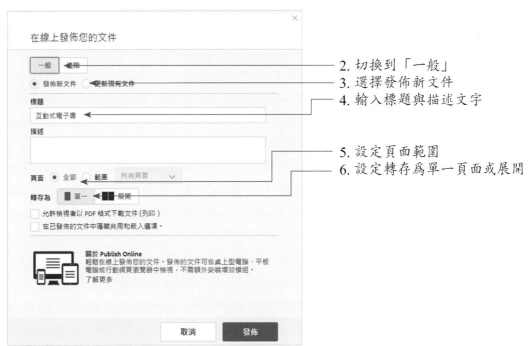

2. 切換到「一般」
3. 選擇發佈新文件
4. 輸入標題與描述文字
5. 設定頁面範圍
6. 設定轉存為單一頁面或展開

7. 切換到「進階」

8. 由此可以選擇要顯示的封面縮圖

9. 按下「發佈」鈕

10. 文件上傳中,請稍待片刻

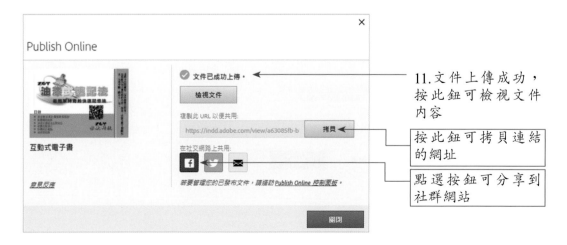

11. 文件上傳成功,按此鈕可檢視文件內容

按此鈕可拷貝連結的網址

點選按鈕可分享到社群網站

按此鈕顯示縮圖
放大
縮小
全螢幕
分享

國家圖書館出版品預行編目資料

InDesign 2021超強數位排版達人必備工作術
　／數位新知作. －－初版.－－臺北市：五
南圖書出版股份有限公司, 2023.04
　面；　公分
ISBN 978-626-343-898-9(平裝)

1.CST: InDesign(電腦程式) 2.CST: 電腦排版
3.CST: 版面設計

477.22029　　　　　　　　　112002973

5R55

InDesign　2021超強數位
排版達人必備工作術

作　　　者 ― 數位新知（526）

發 行 人 ― 楊榮川

總 經 理 ― 楊士清

總 編 輯 ― 楊秀麗

副總編輯 ― 王正華

責任編輯 ― 張維文

封面設計 ― 姚孝慈

出 版 者 ― 五南圖書出版股份有限公司

地　　　址：106台北市大安區和平東路二段339號4樓

電　　　話：(02)2705-5066　　傳　　真：(02)2706-6100

網　　　址：https://www.wunan.com.tw

電子郵件：wunan@wunan.com.tw

劃撥帳號：01068953

戶　　　名：五南圖書出版股份有限公司

法律顧問　林勝安律師

出版日期　2023年4月初版一刷

定　　價　新臺幣650元

經典永恆・名著常在

五十週年的獻禮──經典名著文庫

五南，五十年了，半個世紀，人生旅程的一大半，走過來了。

思索著，邁向百年的未來歷程，能為知識界、文化學術界作些什麼？

在速食文化的生態下，有什麼值得讓人雋永品味的？

歷代經典・當今名著，經過時間的洗禮，千錘百鍊，流傳至今，光芒耀人；

不僅使我們能領悟前人的智慧，同時也增深加廣我們思考的深度與視野。

我們決心投入巨資，有計畫的系統梳選，成立「經典名著文庫」，

希望收入古今中外思想性的、充滿睿智與獨見的經典、名著。

這是一項理想性的、永續性的巨大出版工程。

不在意讀者的眾寡，只考慮它的學術價值，力求完整展現先哲思想的軌跡；

為知識界開啟一片智慧之窗，營造一座百花綻放的世界文明公園，

任君遨遊、取菁吸蜜、嘉惠學子！